青少年信息学奥林匹克竞赛培训教材

Pascal 语言（中学版）

第 2 版

张文双　吴树娟　主编

北京理工大学出版社

BEIJING INSTITUTE OF TECHNOLOGY PRESS

内 容 简 介

本书按照全国青少年信息学奥林匹克竞赛要求编写，立足于 Free Pascal 程序设计语言的普及和应用。

本书包含 Free Pascal 2.04 使用说明、Pascal 语言基础、顺序结构、选择结构、循环结构、函数和过程、数组、枚举类型和子界类型、集合类型和记录类型、指针、文件、数据结构和常用算法等内容，各章配备习题，附习题参考答案。

本书结构严谨，语言简练，可以作为中小学校的培训用书，也适合读者选作自学资料。

版权专有 侵权必究

图书在版编目（CIP）数据

Pascal 语言：中学版 / 张文双，吴树娟主编 . —2 版 . —北京：北京理工大学出版社，2008.9（2017.3 重印）

青少年信息学奥林匹克竞赛培训教材

ISBN 978 - 7 - 5640 - 0257 - 2

Ⅰ . P… Ⅱ .①张… ②吴… Ⅲ . PASCAL 语言 - 程序设计 - 技术培训 - 教材 Ⅳ . TP312

中国版本图书馆 CIP 数据核字（2008）第 138676 号

出版发行 / 北京理工大学出版社

社　　址 / 北京市海淀区中关村南大街 5 号

邮　　编 / 100081

电　　话 / (010) 68914775（办公室）　68944990（批销中心）　68911084（读者服务部）

网　　址 / http://www.bitpress.com.cn

经　　销 / 全国各地新华书店

印　　刷 / 保定市中画美凯印刷有限公司

开　　本 / 787 毫米 × 1092 毫米　1/16

印　　张 / 15.75

字　　数 / 368 千字

版　　次 / 2008 年 9 月第 2 版　2017 年 3 月第 23 次印刷

印　　数 / 69001~74000 册

定　　价 / 30.00 元

图书出现印装质量问题，本社负责调换

编 写 委 员 会

国际信息学奥林匹克学科竞赛（International Olympiad in Informatics，IOI）始于 1989 年，到 2003 年已经成功地举办了 15 届。在这种高手云集的世界大赛中，中国队的选手们表现出色，届届名列前茅，59 人次参赛，夺得金牌 30 块，银牌 17 块，铜牌 12 块。

IOI 是在青少年中级别最高的智力与应用计算机解题能力的大赛。这项赛事是联合国教科文组织所倡导的。从大赛所推崇的"更快，更高，更强"的精神看，这种学科竞赛冠之以奥林匹克的名字，当之无愧。

从培育和优选拔尖人才的角度看，信息学奥林匹克活动是站在信息技术教育的平台上，以先进的教育理念，用电脑帮助开发人脑，通过计算机编程解题来提高分析问题和解决问题的能力，培养创新意识。在中国队的训练中强调德智体美全面发展，培育"自立、自尊、自信、自强"的良好心态，要怀着中华民族的自豪感和自信心到世界赛场上一展风采。这种良好的素质和心态是奋发学习，刻苦训练，增长才干，并夺取胜利的重要保证。

从大局看，竞赛不是目的，拿金牌也不是我们的最终目标，我们仅仅将竞赛作为推动信息科技普及的一个手段。科教兴国，提高青少年科学素养，造就一批又一批的拔尖人才，实现新世纪中华民族的腾飞梦想是我们的宏大目标。

从我执教中国队训练的 15 年中，我感到这项竞赛有相当大的难度，对学生和老师都是极大的挑战，因而富有魅力。从活动的内容看，是用计算机解一些难题，核心是数学建模和算法设计与实现。数学建模需要很强的数学功底，算法设计又要有一些专门的知识，这些都需要在课外活动中，在老师的指导下通过自学完成。作为看家本领，就要学通一门高级程序设计语言。目前在竞赛中各国选手用得最多的是 Pascal 语言。该种语言功能强大，数据类型丰富，便于学习和理解，初学的人易于上手。从市场上看，有关 Pascal 语言的教材，都是写给大人的，很少有供初中学生或小学生使用的。这次我用了一些时间研读了这本新教材，感到的确很好。老师们在写这本书时能够充分考虑这个年龄段学生的学习心理和认知特点，结合初级比赛当中的一些让孩子们喜闻乐见的题目，用浅显生动，但又不失科学性的语言写成这本教材，既讲基本原理和基本方法，又讲如何编程调试，可以说内容丰富，深入浅出。

有了书就有了学习的前提，但是学习方法是十分重要的。我认为，程序设计不是看会的，也不是听会的，而是通过上机实践自己练会的。这就叫"实践出真知"。光看书不上机练习，是绝对学不会的。中国队的选手为什么能有这么强的能力，就是因为他们既动脑，又动手，进行"理性"的思维和"理性"的实践。就我的经历看，从小学习一些程序设计的思想，会对大家将来打开思路，挖掘潜能，提高科学素养和动手能力有大的益处。我相信，从信息技术方面获得的能力可以迁移到其他课程中去。在这里我要对喜欢计算机编程活动的小朋友们说：祝你们成功！

国际信息学奥林匹克中国队总教练
清华大学计算机系教授、博士生导师

本书第一版自 2004 年至今，受到广大读者的关注和厚爱，在此深表谢意。

近年来，Free Pascal 语言已替代 Turbo Pascal 成为我国青少年信息学奥林匹克竞赛（NOI）和分区联赛（NOIP）的复赛语言之一。为了适应竞赛的需要，我们对书中内容进行了修订。第二版中详细介绍了 Free Pascal 2.04 系统，增加了指针和文件两章，所有的例题和习题均能在 Free Pascal 环境中运行。

本书的内容共分 13 章，主要包括：Free Pascal 2.04 使用说明、Pascal 语言基础、顺序结构、选择结构、循环结构、函数和过程、数组、枚举类型和子界类型、集合类型和记录类型、指针、文件、数据结构和常用算法等内容。第 1～3 章由杨印国编写，第 4 章由鲁艳凯编写，第 5 章由周鹏飞编写，第 6 章由吴树娟编写，第 7～8 章由王宇编写，第 9、12 章由王学红编写，第 10、11 章由张文双编写，第 13 章由杜柏林编写。全书由张文双统稿审定。

由于编者的水平有限，新版中若有疏漏之处，恳请各位读者指正。

编　者

目 录

第1章 Free Pascal 使用说明

20 世纪 60 年代，计算机应用日趋广泛，软件发展越来越快，同时在软件开发中也出现了许多问题，于是荷兰计算机学家德克斯特拉（Dijkstra E W）提出了结构化程序设计思想。Pascal 语言是 1968 年由瑞士苏黎世联邦工业大学沃斯（Niklaus. Wirth）教授研究出来的，1971 年正式发表在瑞士的《ETH》杂志上，它是以著名的法国数学家 Pascal B 命名的。

Pascal 语言结构严谨，功能强大。问世以来，经历了许多版本，美国 Borland 公司 1983 年开发的 Turbo Pascal 曾风靡一时，目前应用最广泛的是 Free Pascal 2.04。

1.1 启动与退出

1. Free Pascal 的启动

下载安装了 Free Pascal 2.04（大小为 27 MB）后，需要做以下设置才能正常运行。

① 设置代码：右击 Free Pascal 图标，单击"属性"命令，打开如图 1-1 所示的属性对话框。打开"选项"选项卡，从"当前代码页"下拉列表中选择"437 OEM 美国"；

② 设置字体：打开"字体"选项卡，选择"点阵字体"，大小为 8×12；

③ 设置屏幕大小：打开"布局"选项卡，将缓冲区大小和屏幕大小都设为 80（宽）、40（高）。再单击"确定"按钮。

完成系统设置后，双击桌面上的 Free Pascal 快捷图标就可以直接在 Windows 下运行 Free Pascal 了。

当然，我们也可以直接双击安装目录下的 Free Pascal 主文件 fp. exe，来启动 Free Pascal。

若启动后的 Pascal 窗口没有达到最大化，可以按 Alt+回车键进入"全屏幕"状态，再按一次 Alt+回车键又可以回到原来状态。

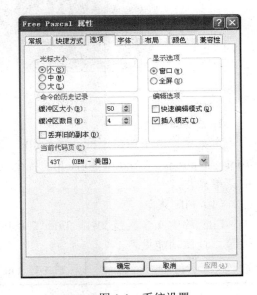

图 1-1 系统设置

2. Free Pascal 的退出

退出 Pascal 的方法有：

① 选择主菜单 File 中的 Exit 选项，或者按快捷键 Alt+X，可以彻底退出 Pascal。若有未保存的程序，系统会提示是否保存。

② 选择主菜单 File 中的 Command shell 选项，可以暂时退出 Pascal，进入 DOS 提示符状态，但 Pascal 仍然驻留在内存中。要返回 Pascal，可以输入命令 exit，即

C:\FPC\2.0.4\bin\i386-win32\exit↙

③ 按 Alt+Tab 快捷键，可以从 Pascal 环境中退出来，进入 Windows 环境中。再按 Alt+Tab 快捷键又可以返回到 Pascal。

1.2 集成环境及菜单的使用

Free Pascal 集成环境启动后，单击 File 菜单，执行其中的 New 命令，会打开如图 1-2 所示的窗口界面。窗口由标题栏、主菜单栏、编辑窗口和位于窗口底部的状态栏构成，程序设计的所有工作基本上都要在该窗口中进行。

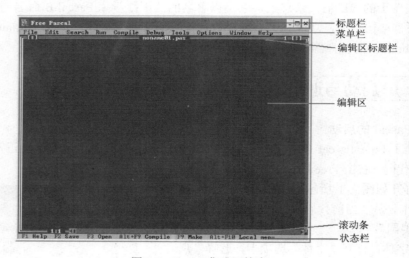

图 1-2　Pascal 集成环境窗口

1. 主菜单栏

主菜单栏位于窗口上部，共有 10 个菜单项：File、Edit、Search、Run、Compile、Debug、Tools、Options、Window 和 Help。各个菜单又包含若干个下拉子菜单。这里给大家介绍常用的菜单操作。

（1）File 菜单

File 的中文含义是文件。File 菜单用于对文件的管理，如新建文件、打开文件、保存文件等。具体功能见表 1-1。

表 1-1　File 菜单中各子菜单的功能

子菜单	快捷键	功　能　描　述
New		创建新的编辑窗口，以 noname01.pas 为新文件的初始名
New from template		创建新文件，编辑窗口从模板中选取
Open	F3	显示"打开文件"对话框，供选择打开已有的文件
Reload		重新载入文件
Save	F2	将当前的文件存盘

续表

子菜单	快捷键	功 能 描 述
Save as		以用户指定的路径和文件名将当前的文件存盘
Save all		所有编辑窗口内文件存盘
Print		打印当前窗口中的内容
Print setup		打印机设置
Change dir		改变当前工作目录
Command Shell		暂时退出 Pascal，进入 DOS 工作状态
Exit	Alt+X	退出 Pascal

（2）Edit 菜单

Edit 菜单用于对当前编辑窗口中的内容进行编辑，如复制、粘贴、删除等。具体功能见表 1-2。

表 1-2　Edit 菜单中各子菜单的功能

子菜单	快捷键	功 能 描 述
Undo	Alt+Backspace	撤消最近的一次操作
Redo		撤消 Undo 操作
Cut	Shift+Del	删除选定的文本，并放入剪贴板
Copy	Ctrl+Ins	将选定的文本复制到剪贴板中
Paste	Shift+Ins	将剪贴板中的内容粘贴到当前光标处
Select All		选择全部内容
Clear	Ctrl+Del	删除选定的文本
Show clipboard		显示剪贴板（clipboard）中的内容
Copy to Windows		将选定的内容复制到 Windows 操作系统的剪贴板中
Paste from Windows		从 Windows 操作系统的剪贴板中粘贴到当前窗口光标处

（3）Run 菜单

Run 菜单用来运行 Pascal 程序，如执行程序、单步执行、执行到光标所在行等。具体功能见表 1-3。

表 1-3　Run 菜单中各子菜单的功能

子菜单	快捷键	功 能 描 述
Run	Ctrl+F9	运行当前程序
Step over	F8	单步执行程序，遇到函数、过程时不跟踪其内部
Trace into	F7	单步执行程序，遇到函数和过程调用，跟踪到内部

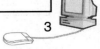

3

续表

子菜单	快捷键	功　能　描　述
Goto cursor	F4	运行程序到光标所在行
Until return		直到运行 return 为止
Run Directory		运行指定文件夹中的文件
Parameters		显示程序参数对话框，可设置运行参数
Program reset	Ctrl+F2	将正在运行的程序复位

（4）Compile 菜单

Compile 菜单用来编译、连接 Pascal 程序，如编译程序、连接生成可执行文件等。具体功能见表 1-4。

表 1-4　Compile 菜单中各子菜单的功能

子菜单	快捷键	功　能　描　述
Compile	Alt+F9	编译当前程序
Make	F9	编译、连接生成可执行文件
Build		重新编译、连接生成可执行文件
Target…		源文件是编译到内存还是磁盘
Primary file		可以选择进行编译和连接的 Pascal 文件
Clear primary file		清除 Primary file 菜单项设置
Compiler messages		显示当前文件编译、连接的信息

（5）Window 菜单

Window 菜单用来管理开发环境窗口，如以重叠或并列方式显示所有窗口、关闭窗口等。具体功能见表 1-5。

表 1-5　Window 菜单中各子菜单的功能

子菜单	快捷键	功　能　描　述
Tile		以并列方式显示所有编辑窗口
Cascade		以重叠方式显示所有编辑窗口
Close all		关闭所有窗口
Size/Move	Ctrl+F5	可用箭头调整窗口大小、移动窗口
Zoom	F5	放大/还原当前窗口
Next	F6	使下一个窗口成为当前窗口
Previous	Shift+F6	使前一个窗口成为当前窗口
Hide	Ctrl+F6	隐藏当前窗口

续表

子菜单	快捷键	功　能　描　述
Close	Alt+F3	关闭当前窗口
List...	Alt+O	显示系统所有打开窗口的列表
Refresh display		刷新集成开发环境的主窗口

（6）其他菜单

其他菜单使用较少，这里只作简单介绍。

① Search 菜单：提供了寻找、替换字符串等功能。

② Debug 菜单：提供了调试程序的功能，如设置断点等。

　　Output 子菜单：用来在编程窗口下面打开输出窗口。

　　User screen 子菜单：可进入 DOS 黑屏状态，显示程序输出结果，快捷键为 Alt+F5。

③ Tool 菜单：提供了显示 Message 窗口等功能。

④ Options 菜单：提供了调整集成环境自身配置的功能。

⑤ Help 菜单：提供了以多种方式联机帮助的功能。

上面介绍的是菜单的功能，有关菜单的操作还需说明几点：

① 菜单操作可以使用鼠标，也可以使用键盘。

② 按 F10 键，光标移到主菜单，移动"→"或"←"键选择主菜单，按回车键打开相应子菜单；再按"↑"或"↓"键选择子菜单，按回车键确认。

③ 同时按下 Alt 键和所需主菜单项的高亮字母（一般为第一个字母），可打开其子菜单，如 Alt+F 组合键可打开文件菜单；再按子菜单中所需项的高亮字母，可执行相应操作，如按 S 键可保存文件。

④ 可以用快捷键直接操作子菜单，如按 F3 键可以打开文件。

⑤ 子菜单中有"▶"，说明还有下级菜单；有"…"的子菜单可以打开一个对话框。

2. 编辑窗口

（1）窗口的组成

编辑窗口主要用于输入和编辑 Pascal 源程序。编辑窗口由标题栏（即窗口上边线）、关闭按钮（■）、最大化按钮（↑）/还原按钮（↕）、窗口编辑区、水平滚动条和垂直滚动条、光标位置显示（如 1：1，指 1 行 1 列）组成。其中标题栏用于显示正在编辑的文件名称，如 YYG.PAS。

Pascal 可以同时打开多个窗口，但任一时刻只有一个窗口处于活动状态，称为活动窗口，也称为当前窗口，即当前正在工作的窗口。活动窗口的特点是边框为双边线，而非活动窗口的边框为单线。单击某一非活动窗口，就能使其成为活动窗口。在多个窗口重叠时，活动窗口处于其他窗口的上面。所有操作都要在活动窗口中进行。

（2）窗口的操作

窗口可以被打开、移动、放大/缩小、平铺/重叠、关闭。

窗口的打开：通过主菜单 File 中的 New 命令可以新建一个窗口，Open 命令可以打开一个已有的文件。

窗口的移动：通过鼠标的拖动可以移动活动窗口。或者选择主菜单 Window 中的 Size/Move 选项后，通过键盘上的箭头来移动活动窗口。

窗口的放大/缩小：选择主菜单 Window 中的 Size/Move 选项后，可通过 Shift+光标移动键对活动窗口进行缩放操作。也可以利用活动窗口右上角的按钮对窗口进行放大和还原操作。

窗口的平铺/重叠：通过主菜单 Window 中的 Tile 命令可以使各个窗口平铺，Cascade 命令可以使各个窗口重叠，只显示标题栏。

窗口的关闭：通过主菜单 Window 中的 Close 命令，或者单击窗口左上角的关闭按钮可以关闭活动窗口。通过主菜单 Window 中的 Close all 命令可以关闭所有窗口。

3. 状态栏

位于窗口底部的状态栏，主要有两个作用：

① 显示当前工作状态，并对选中的任何命令或对话框，给出提示信息。

② 提供在当前状态下可用的快捷键，如 F2 键可以保存文件。

1.3 程序的输入和调试

下面通过一个简单的例子来说明 Pascal 程序的输入、编辑、编译、运行、保存等操作。

例 1-1 用*打印一个三角形图案。

程序如下：

```pascal
program P1_1(input,output);
var j,h:integer;
begin
  for j:=1 to 5 do
    begin
      write ('':16-j);
      for h:=1 to 2*j-1 do write('*');
      writeln;
    end;
end.
```

运行结果为：

```
        *
       * * *
      * * * * *
     * * * * * * *
    * * * * * * * * *
```

1. 输入源程序

用 Pascal 语言编写的程序叫 Pascal 源程序。启动 Pascal 后，系统提供一个默认的文件名 noname00.pas，光标在编辑窗口中，此时便可以按照程序的书写格式依次输入 Pascal 源程序，每行输完后按一下回车键。在输入过程中，可随时使用编辑键进行编辑操作，常用的编辑命令见表 1-6。

表 1-6　常用的编辑命令

命　　令	编　辑　操　作
←	光标左移一个字符
→	光标右移一个字符
↑	光标上移一行
↓	光标下移一行
Home	光标移至行首
End	光标移至行尾
Page Up	光标上移一页
Page Down	光标下移一页
Backspace	删除光标左边的字符
Del	删除光标所在处的字符
Ctrl+N	光标处插入回车符，但光标不动
Ctrl+Y	删除光标所在的行
Ctrl+QY	删除光标至行尾的字符
F10	光标由编辑窗口转到主菜单
ESC	光标由主菜单回到编辑窗口

如果窗口中已有程序，当要输入新的程序时，就要单击 File 主菜单，单击 New 命令，新建一个文件窗口，再输入程序。

2. 调试源程序

（1）调试前的几点注意事项

① 静态查错：为了减少无谓的调试，这一步很重要。往往一个 TP（Turbo Pascal）中很容易查出的错误，FP（Free Pascal）却要花费惨重的代价。

② 很小的数据可以手工运算，不必什么都要靠调试来完成。

③ 检查数组和数据的范围。

④ 把数组设置小一点。若不然，FP 会出现莫名其妙退出的现象，哪怕程序毫无错误。

⑤ 编程过后要存盘。若不然，FP 会报告"Can't compile unsaved file!"信息，以防止程序意外丢失。

（2）调试中的几点注意事项

① 模块调试。这种分治策略，可以降低调试难度。

② 避免使用 F7 键。F7 键经常失效，它往往拒绝进入子程序展开进一步的跟踪。这时，F4 键可以代替 F7 键完成工作。

③ 减少 F8 键的使用频率。F8 键在程序运行出错以后，再调试时出现一些随机给出的错误，比如说蓝条会消失，FP 莫名退出，甚至死机。

④ 尽量使用 F4 键。F4 键相对稳定一些，只不过当遇到类似 If、case 语句时，一定要看

7

清楚，程序要执行哪一步。

⑤ 组合键 Alt+F7 失效。此时打开 Run 菜单，单击 Parameter 命令来解决。

⑥ 慎用集合类型。简单的试题保证集合类型使用正确，复杂的试题避免使用集合类型。

（3）出错后的几点应对措施

① 发现错误，想结束调试。

使用组合键 Ctrl+F2 终止调试，然后使用组合键 Alt+F9 进行编译，当然不要忘记存盘。千万不要在修改程序后接着使用 F8 键。

② 程序运行出错。

使用组合键 Alt+F5 查看黑屏上有无出错信息。

● 如果 F8 键不工作了，那么再次存盘并使用 Build 编译；

● 如果 F8 键仍然不工作或蓝条消失，那么尝试使用 F4 键；

● 如果 F4 键也不工作，那么退出失控的 FP 系统，然后再重新进入。

3. 编译源程序

程序调试完毕，即可开始编译，编译就是把源程序一次性翻译成目标程序，以便计算机执行。运行主菜单 Compile 中的菜单项 Compile，或者按 Alt+F9 组合键，就可以对程序进行编译，此时屏幕上会出现编译信息。如果程序中存在语法错误，编译时系统会给出错误信息代码，从而便于进行修改。如 "；" expected，提示缺少分号；"）" expected，提示缺少右括号。并指出错误所在的行列，如(9,11)，指错在了 9 行 11 列，此时可利用表 1-6 中的编辑键作相应修改，再进行编译，直到成功。

4. 运行程序

程序编译通过后，就可以运行。

① 运行程序：选择主菜单 Run 中的菜单项 Run，或按 Ctrl+F9 组合键，则完成程序的运行。

② 查看结果：选择主菜单 Debug 中的菜单项 Output，也可以选择主菜单 Debug 中的菜单项 User screen 或按 Alt+F5 组合键都可以查看运行结果。

5. 保存程序

选择主菜单 File 中的菜单项 Save，或按 F2 键，打开保存对话框，在其中输入文件名（例如：cy），单击 OK 按钮，则程序会以 cy.pas 为文件名保存在当前目录中。若要保存到其他地方，输入文件名时，指明路径就可以了。

保存文件后，可在当前目录中产生一个名为 cy.exe 的可执行文件。该文件可以不在 Pascal 环境中运行，在 DOS 环境下运行时，输入文件名后按回车键即可，即 cy↙。在 Windows 中直接双击该文件图标就可以运行。

6. 常见错误信息

（1）Run Time Errors 运行错误

① File not found   文件未找到

② Path not found   路径未找到

③ Too many open file   打开文件过多

④ Disk read error   磁盘读错误

⑤ Invalid file name   无效的文件名

⑥ Division by zero   被零除

（2）编译错误对照

① Out of memory   内存溢出

② Identifier not found   标识符未定义

③ Syntax error   语法错误

④ Error in type   类型错误

⑤ Type identifier expected   缺变量标识符

⑥ begin expected   缺少 begin

⑦ "；" expected   缺少 "；"

⑧ "：" expected   缺少 "："

⑨ "，" expected   缺少 "，"

⑩ "（" expected   缺少 "（"

⑪ "）" expected   缺少 "）"

⑫ "=" expected   缺少 "="

⑬ "：=" expected   缺少 "：="

⑭ End expected   缺少 end

◯ 1.4　Free Pascal 与 Turbo Pascal 的区别

Free Pascal 使用的是跨平台的 32 位编译器，最大可以利用 4GB 的内存。而对于 Turbo Pascal 来说，由于是 16 位的编译器，数据类型和变量不能超过 64KB，而且只限在 Windows 上使用。这使得 Free Pascal 与 Turbo Pascal 存在着如下差别：

① 表达式执行的顺序是不确定的。比如表达式 a:=f(1)+g(2)；不保证 f(1) 一定在 g(2) 之前执行。

② 布尔表达式不一定要全部进行计算，只要最终结果已经能够确定，就不再计算其他部分。

③ 乘方 x^y 可以表示成 x**y。但 x 是实数且 y 是整数的时候不能这样表示。一般还是用换底公式（exp(y*ln(x))）来计算 x^y。

④ 因为在 Free Pascal 中添加了函数重载功能，所以函数和过程在使用时，参数的类型必须和定义时完全一致。函数可以返回复杂的类型，比如记录和数组。

⑤ 在 Free Pascal 中，集合中的元素都是 4 个字节长的。

⑥ Free Pascal 在程序结束之前一定要关闭输出文件，否则输出文件可能不能被正确地写入。

⑦ Free Pascal 支持长文件名。在 Windows 系统中文件名的大小写是无关的。由于信息学竞赛的评测系统是 Linux，而 Linux 对文件名区分大小写，所以程序中用到的文件名必须和系统中的文件名完全一致。

如果代码遵守 ANSI Pascal 标准，就完全可以从 Turbo Pascal 移植到 Free Pascal 中使用。

习题 1

1. 简答题

（1）Pascal 语言是谁研究出来的？

（2）如何查看程序运行结果？

（3）Pascal 可以打开多个窗口，怎样让它们平铺显示？

（4）Pascal 程序需要编译，请说明编译的含义。

（5）对于取主菜单等操作，怎样由键盘来完成。

2. 完成下面程序的输入、编译、运行、保存，并观察运行结果。

（1）程序如下：

```pascal
program ex1-1(input, output);
var
  y, z: integer;
begin
  for y:=1 to 7 do
    begin
      for z:=1 to 8 do write('*');
      writeln;
    end;
end.
```

（2）下面程序运行后，会产生一个 100 以内的随机整数，用户有 10 次猜数的机会，不论猜得对错，都会有相应的提示。

```pascal
program ex1-2(input, output);
var
  z, j, h: integer;
begin
  randomize;
  z:=random(100);
  j:=0;
  repeat
    write('Please input a number(0-100):');
    read(h);
    j:=j+1;
    if h=z then writeln('You are right! ');
    if h>z then writeln('Too big, Please try again! ');
    if h<z then writeln('Too small, please try again! ');
  until(h=z)or(j=10);
  if(j=10)and(h <> z)
```

```
then writeln('You are fail, The number is',z);
  end.
```

3. 指出各列错误信息的含义

（1）";" expected

（2）"(" expected

（3）":=" expected

（4）Unknownidentifier

（5）Type mismatch

（6）THEN expected

（7）Invalid numeric format

（8）Unexpected end of file

（9）Type identifier expected

（10）Boolean expression expected

习题 1 参考答案

1. 简答题

（1）Pascal 语言于 1968 年由瑞士苏黎世联邦工业大学 N·沃思（N·Wirth）教授研究出来的，并于 1971 年正式发表在瑞士的《ETH》杂志上。

（2）查看程序运行结果有两种方法：

① 选择主菜单 Debug 中的菜单项 Output 菜单项，打开输出窗口。

② 选择主菜单 Debug 中的菜单项 User Screen（或按 Alt+F5）直接进入用户屏幕。

（3）选择主菜单 Window 中的菜单项 Tile，可以使打开的各个窗口平铺显示。

（4）由 Pascal 语言编写的程序叫 Pascal 源程序，它不能直接被计算机执行，要由编译程序编译成目标程序，才能被执行。所谓编译就是将源程序一次性翻译成目标程序，而不是一行翻译一次（这叫解释）。

（5）取 Pascal 的主菜单不仅可以使用鼠标，也可以使用键盘。方法是按功能键 F10 或按 Alt+菜单中的高亮字母。对于主菜单中的各菜单项用光标移动键操作就可以了。按 Esc 键可以由主菜单返回到编辑窗口。

2. 本题考察对程序常规操作的掌握情况。

进入编辑窗口后，就可以输入程序，而后按 Alt+F9 组合键编译，按 Ctrl+F9 组合键运行，按 F2 键保存。本题中各程序的运行结果如下：

（1）* * * * * * * *

　　* * * * * * * *

　　* * * * * * * *

　　* * * * * * * *

　　* * * * * * * *

　　* * * * * * * *

　　* * * * * * * *

（2）Please input a number（0-100）：51 Too small. Please try again!
Please input a number（0-100）：81 Too big. Please try again!
Please input a number（0-100）：65 Too small. Please try again!
Please input a number（0-100）：66 You are right!

3. 错误信息的含义如下：

（1）缺少分号。

（2）缺少左括号。

（3）缺少赋值号。一般是:= 有错，如丢了冒号。

（4）未知的标识符。一般是标识符未说明，或者 Pascal 的保留字拼写错了。

（5）类型不匹配。如赋值语句类型不相容。

（6）缺少 THEN。

（7）数据格式无效。

（8）程序没有结束。一般是 end 后丢了句号“.”

（9）缺少类型标识符。

（10）缺少布尔表达式，如条件写错。

第2章 Pascal 程序设计语言基础

Free Pascal 语言属于一种编译型的高级语言，是在 ALGOL-60 语言的基础上发展起来的，是一种按结构化程序设计原则描述的高级语言。

2.1 Pascal 语言简介

2.1.1 Pascal 语言的特点

Pascal 语言程序结构合理、可靠、易检验，充分考虑了算法设计的模块化思想，任何一个 Pascal 程序都可以由顺序、分支、循环三种基本结构构成。它具有丰富的数据类型，灵活通用的语句，自由的书写格式，优美的设计风格，紧凑的编译方式，高效的运行结果。充分体现了结构化程序设计原则。

使用 Pascal 语言可以编写系统软件，也可以编写应用软件。它语法要求严谨，用户容易做到少犯错误，广泛地应用于科学研究与教学当中。

2.1.2 Pascal 程序的组成

为了使初学者对 Pascal 程序建立一个整体概念，更清楚地了解程序的构成，我们先介绍一个 Pascal 源程序。

例 2-1 已知长方形的长和宽，求长方形的面积。

设长方形的长为 a，宽为 b，面积为 s，则长方形的面积为：$s = a \times b$。

程序如下：

```
program cfx(input, output);
  var a,b,s: real;
  begin
  readln(a, b);
  s:=a*b;
  writeln('s=',s);
  end.
```

从上面的程序中可以看出，Pascal 源程序由如下两部分组成：

1. 程序首部

程序首部是程序的开头部分，由 Program 后接程序名及程序参数表组成，由分号结束。程序名 **cfx** 是用户自己定义的标识符，参数表一般是文件变量名，用于该程序与外界交流数据，最常用的参数为 input 和 output，在 Free Pascal 中参数表可以省略。

2. 程序体

程序体是程序的主体部分，由说明部分和执行部分组成。

（1）程序说明部分

在程序执行部分使用的标号、常量、类型、变量、记录、文件、过程和函数，都必须在说明部分说明，如例 2-1 的 "var a, b, s: real；"，但 Pascal 预定义的标准量不必说明。

（2）程序执行部分

指 begin 和 end 之间的部分，在程序的最后，是程序的核心。它由一系列语句组成，语句之间用 "；" 隔开，允许一行写多个语句，也允许一个语句写几行，但一般情况下，为清楚起见，一行只写一个语句。最后一行的 end 后加 "." 表示程序结束。

一个完整的 Pascal 程序框架如下：

```
Program
    程序名（程序参数表）；
    Label
        标号说明；
    Const
        常量说明；
    Type
        类型说明；
    Var
        变量说明；
    Function
        函数说明；
    Procedure
        过程说明；
    begin
        程序语句；
        ……；
    end.
```

2.1.3 Pascal 程序结构及流程图

1. 流程图

在学习流程图之前，先介绍算法的概念。算法就是解决实际问题的步骤与方法，它是编写程序的基础。流程图就是用来描述算法的，它可以更直观、更形象地体现解题思路。有关算法的详细内容，将在第 13 章介绍。

流程图采用一些图框及文字说明等来描述算法。如图 2-1 所示列出了常用的流程图符号。

用流程图（或称框图）描述算法形象、直观，逻辑清晰，容易理解。但是流程图画起来比较麻烦，占用版面较大。下面再介绍一下目前广泛使用的 N—S 图。

N—S 图是美国学者 Nassi I 和 Shneiderman 1973 年提出的，并以发明者的名字而命名。它是一种新型的流程图形式，在 N—S 图中，完全去掉了传统流程图中的流程线，全部算法写在一个大矩形框中，在该框内还可以包含一些从属于它的小矩形框。因为每一个框都像一个方盒，所以 N—S 图又称为盒图。

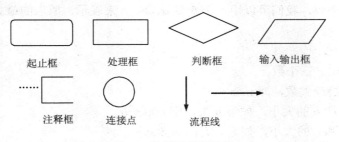

图 2-1　常用流程图符号

例 2-2　求 1+2+…+100 的和，用 N—S 图表示如图 2-2 所示。

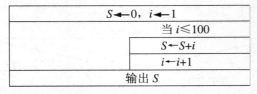

图 2-2　N—S 图

可见，用 N—S 图描述算法，明确简练，而且容易改写成计算机程序，所以在程序设计中大量使用 N—S 图。

应当指出，流程图是给人看的，而不是输入到计算机中的，因此各框中的表示及文字说明并无统一标准和规范，只要能被人看懂，不出现二义性即可。

2. 程序基本结构

1966 年，Bohra 和 Jacopini 提出了程序的三种基本结构。

（1）顺序结构

按照程序的书写顺序来执行的结构叫顺序结构。它是一种最简单最常用的结构，如图 2-3 所示。

（2）选择结构

根据给定条件是否满足而选择执行多种情况中的一种，这种结构叫选择结构，又叫分支结构。在选择结构中，必须有一个条件判断框，不论有几个分支，每次最多执行一个，如图 2-4 所示。

（3）循环结构

能重复执行某一操作的结构叫循环结构，又叫重复结构。循环结构分为两类：当型循环和直到型循环。

① 当型循环：也叫 WHILE 型循环。当指定条件满足时，就执行循环体，直到条件不满足，就退出循环。若开始条件就不满足，则一次循环也不执行，如图 2-5 所示。

② 直到型循环：也叫 UNTIL 循环。执行循环体直到指定的条件满足，就退出循环。由于它先执行循环体，后判断条件，所以至少执行一次循环，如图 2-6 所示。

 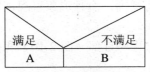 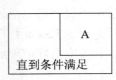

图 2-3　顺序结构　　图 2-4　选择结构　　图 2-5　当型循环　　图 2-6　直到型循环

例 2-3　从键盘输入三个数，然后将最大数输出。

分析：已知三个数，我们可以用三个变量 *a*、*b*、*c* 来表示，所求的最大数可以用 max 来表示。

算法分析：

（1）输入 *a*、*b*、*c* 三个数。

（2）先将 *a* 赋给最大数，即 max←*a*。

（3）比较 max 和 *b* 的大小，如果 *b* 大，则 max←*b*。

（4）比较 max 和 *c* 的大小，如果 *c* 大，则 max←*c*。

（5）输出 max 的值。

N—S 图如图 2-7 所示。

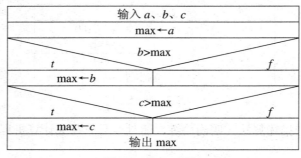

图 2-7　N—S 图例

2.1.4　语法图

通过前面的学习，我们知道，Pascal 程序是由程序的首部、后面跟着的分号、程序体和句号组成的，这种组成可以用图 2-8 来描述。这样的图称为语法图，图中圆框（⊙、○）内的内容是在 Pascal 程序中实际书写的符号，矩形框内的是程序单元的名称，需进一步说明，连线和箭头表示语法单元的单向连接关系。

例如，图 2-8 中的程序体可以用图 2-9 来描述。

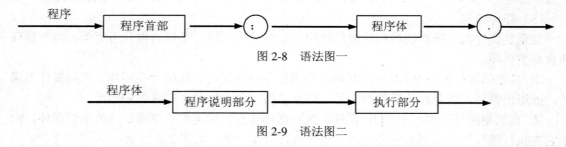

图 2-8　语法图一

图 2-9　语法图二

语法图不仅严格地描述了程序各部分的书写规则，而且形象直观。掌握好语法图可帮助用户书写正确的 Pascal 程序，防止出现语法错误。

为了让大家更好地理解语法图，我们再给出程序首部（图 2-10）和执行部分（图 2-11）的语法图。

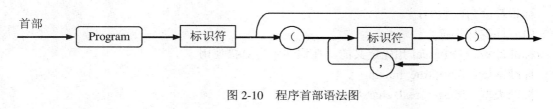

图 2-10　程序首部语法图

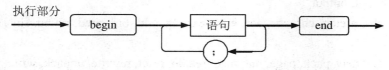

图 2-11　程序执行部分语法图

2.1.5　关键字与标识符

1. 基本符号

每种程序设计语言，都有一套自己的基本符号。如果使用基本符号以外的字符或不按规则书写，都视为非法，计算机将不能识别。

Free Pascal 的基本符号由三部分组成：

① 字母：A～Z，a～z

② 数字：0 1 2 3 4 5 6 7 8 9

③ 特殊符号：+ － * / = <> ＜ ＞ <= >= （ ）［ ］{ }:= . , : ; ′ ^ .. # $ @ _ （下划线）

2. 关键字

在 Pascal 中，关键字也叫保留字，是指 Pascal 语言中一些具有特殊含义的英文单词，例如 program。这些单词已被 Pascal 语言指定了意义，不能用于其他场合。保留字的含义就是保留给 Pascal 本身使用的单词。

Pascal 语言中保留字分为 6 种共 36 个：

（1）程序、函数、过程符号

　　　program, function, procedure

（2）说明部分专用定义符号

　　　array, const, file, label, of, packed, record, set, type, var

（3）语句专用符号

　　　case, do, downto, else, for, forward, goto, if, repeat, then, to, until, while, with

（4）运算符号

　　　and, div, in, mod, not, or

（5）分隔符号

　　　begin, end

（6）空指针常量

　　　nil

3. 标识符

标识符是用来表示程序、常量、变量、过程、函数、文件和类型等名称的符号。标识符必须是以字母或下划线开头的字母、数字、下划线序列，长度任意，但只有前 63 个字符有效。

标识符分为两大类：

（1）标准标识符

标准标识符是 Pascal 预先定义的，在程序中可直接使用。

标准常量：false, true, maxint

标准类型：integer, real, char, boolean, text

标准文件：input, output

标准函数：abs, arctan, chr, cos, eof, eoln, exp, ln, odd, ord, pred, round, sin , sqr, sqrt, succ, trunc

标准过程：get, new, pack, page, put, read, readln, reset, rewrite, unpack, write, writeln

（2）自定义标识符

自定义标识符是用户按标识符定义的规则自己定义的。定义时要注意以下几点：

① 不能与保留字同名。

② 避免与标准标识符同名（若同名，以自定义为准），防止混乱。

③ 最好用有一定含义的英文单词或拼音定义。

④ 大小写等效。

例如：I, S_ j, pqf, w20 都是合法的标识符。而 2x, x-y, x&y，π 都是非法的标识符。

2.2 数　制

人们日常使用的计数方法是由 0、1、2、3、4、5、6、7、8、9 这 10 个符号（称为基数）组成各个数字，执行"逢十进一，退一还十"的运算规则，称为十进制数。

计算机中含有大量的电子元件。电子元件很难有 10 种不同的稳定状态，但是常具有两种状态，如：电灯的开与关，电路的通与断等，可以用 1 和 0 来表示这两种状态。因此，计算机对信息的处理都是用二进制代码进行的。

2.2.1　常用的进位计数制

常用的进位计数制有：十进制、二进制、八进制和十六进制。表 2-1 列出了它们的基本情况。

表 2-1　常用的进位计数制

名　称	基　数	标志符	进位规则
十进制	0，1，2，3，4，5，6，7，8，9	D	逢十进一
二进制	0，1	B	逢二进一
八进制	0，1，2，3，4，5，6，7	Q	逢八进一
十六进制	0，1，2，3，4，5，6，7，8，9，A，B，C，D，E，F	H	逢十六进一

例 2-4　十进制数 369 可表示为 369D 或 $(369)_{10}$；

二进制数 1101 可表示为 1101 B 或 $(1101)_2$；

八进制数 624 可表示为 624Q 或 $(624)_8$；

十六进制数 982 可表示为 982H 或 $(982)_{16}$。

当出现不同进制数时，需要用规定的标志符加以区分。

例 2-5　以下 4 个数：$(111)_{10}$、$(111)_2$、$(111)_8$ 与 $(111)_{16}$ 是否相等？

因为：　$(111)_{10}=1\times100+1\times10+1=1\times10^2+1\times10^1+1\times10^0$　（注：$10^0=1$）

$(111)_2=1\times2^2+1\times2^1+1\times2^0=(7)_{10}$

$(111)_8=1\times8^2+1\times8^1+1\times8^0=(73)_{10}$

$(111)_{16}=1\times16^2+1\times16^1+1\times16^0=(273)_{10}$

所以：　$(111)_{10}\neq(111)_2\neq(111)_8\neq(111)_{16}$

对于十进制数 0，1，2，…，15，表 2-2 列出了 4 种不同进制数之间的关系。

表 2-2　常用进制数对照

十进制（D）	二进制（B）	八进制（Q）	十六进制（H）
0	0000	0	0
1	0001	1	1
2	0010	2	2
3	0011	3	3
4	0100	4	4
5	0101	5	5
6	0110	6	6
7	0111	7	7
8	1000	10	8
9	1001	11	9
10	1010	12	A
11	1011	13	B
12	1100	14	C
13	1101	15	D
14	1110	16	E
15	1111	17	F

2.2.2　十进制数与二进制数的相互转换

不同进制数之间进行转换时，整数部分和小数部分的转换方法是不相同的。

1. 十进制数转换成二进制数

（1）整数部分的转换

十进制整数转换成二进制整数的方法是"除以 2 倒取余法"，即把十进制整数除以 2，记下余数（0 或 1），再把所得的商除以 2，记下余数，……，直到商为 0 时为止，然后从最后一次的余数开始倒序写出所有的余数，就是所得的二进制数。

例 2-6 将十进制数 20 转换成二进制数。

做除法

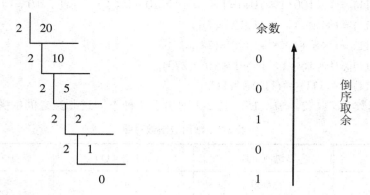

$(20)_{10}=(10100)_2$

（2）小数部分的转换

十进制小数转换成二进制小数的方法是"乘 2 取整法"，即将十进制小数乘以 2，取出乘积中的整数部分，再用余下的小数乘以 2，再取其乘积的整数部分，直到乘积为 0 或达到小数点后某一位精度要求为止。从第一个所取整数开始，写出所有整数，即为所求的二进制小数。

例 2-7 将十进制数 0.6875 转换成二进制数。

	0.6875	整数
×	2	
	1.3750	1
取出整数 1 后 →	0.3750	
×	2	
	0.7500	0
×	2	
	1.5000	1
取出整数 1 后 →	0.5000	
×	2	
	1.0000	1

正序取整

$(0.6875)_{10}=(0.1011)_2$

对于同时含有整数和小数部分的十进制数，将整数部分和小数部分分别按上面的方法进行转换，再把结果合在一起，得到一个既有整数部分又有小数部分的二进制数。

例 2-8 将十进制数 20.6875 转换成二进制数。

整数部分转换：$(20)_{10}=(10100)_2$

小数部分转换：$(0.6875)_{10}=(0.1011)_2$

合在一起得：$(20.6875)_{10}=(10100.1011)_2$

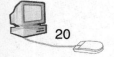

2. 二进制数转换成十进制数

（1）整数部分的转换

设二进制整数共有 n 位，转换的方法是：将它的最高位乘以 2^{n-1}，次高位乘以 2^{n-2}，……，最后一位乘以 2^0，这些乘积相加的和就是所求的十进制整数。

例 2-9 将二进制数 1010101 转换成十进制数。

$$(1010101)_2 = 1\times2^6+0\times2^5+1\times2^4+0\times2^3+1\times2^2+0\times2^1+1\times2^0$$
$$= 64+0+16+0+4+0+1$$
$$=(85)_{10}$$

（2）小数部分的转换

设二进制小数共有 n 位，转换的方法是：将它的最高小数位乘以 2^{-1}，次高位乘以 2^{-2}，……，最后一位乘以 2^{-n}，将所有的乘积加到一起，其和就是所求的十进制小数。

例 2-10 将二进制数 0.101 转换成十进制数。

$$(0.101)_2 =1\times2^{-1}+0\times2^{-2}+1\times2^{-3}$$
$$=0.5+0+0.125$$
$$=(0.625)_{10}$$

对于同时含有整数和小数部分的二进制数，可以按照例 2-11 的方法进行转换。

例 2-11 将 $(11001.0101)_2$ 转换成十进制数。

$$(11001.0101)_2 =1\times2^4+1\times2^3+0\times2^2+0\times2^1+1\times2^0+0\times2^{-1}+1\times2^{-2}+0\times2^{-3}+1\times2^{-4}$$
$$=16+8+1+0.5+0.25+0.0625$$
$$=(25.8125)_{10}$$

十进制数和二进制数之间的转换方法，可以推广到十进制与八进制、十进制与十六进制数的转换上。例如：十进制整数转换成八进制整数的方法是"除以 8 倒取余法"；十进制小数转换成八进制小数的方法是"乘 8 取整法"。

2.3　数据类型、常量、变量及说明方法

数据类型不仅确定数据的表示和取值范围，而且还确定了它所能参加的各种运算。在 Pascal 语言中，无论常量还是变量都必须属于一个确定的数据类型。Pascal 提供了丰富的数据类型，可以分为三大类。

① 简单类型：分为标准类型（整型、实型、字符型、布尔型）和用户自定义类型（枚举型、子界型）。

② 构造类型：包括数组类型、记录类型、集合类型、文件类型。

③ 指针类型：简单类型和构造类型都称为静态类型，它们在程序运行之前已经定义好了。指针类型是一种动态数据类型，它在程序运行时根据需要动态地产生。

另外，把整型、字符型、布尔型、枚举型和子界型称为顺序类型，顺序类型的数据是有序的。

本节介绍 4 种标准数据类型。

2.3.1　标准数据类型

1. 整数类型

整数类型包括正整数（+号可略）、负整数和零。

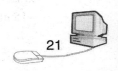

例：168，+520，0，–1 都是合法的整数。

注意：1,024 在会计学中是允许的，但在这里是非法的，应去掉"，"号。

整数类型的标识符为 integer，取值范围为：

$$-\text{maxint}-1\leqslant N\leqslant\text{maxint}$$

其中 maxint$=2^{w-1}-1$，w 为计算机字长。一个整数在内存中用 2 个字节的补码表示，所以 N 的大小为：

$$-32\,768\leqslant N\leqslant 32\,767$$

Free Pascal 中，允许整数采用十六进制表示，此时要在数字前加上$，如$10，相当于十进制数 16，即 $(10)_{16}=(16)_{10}$。这种进制数的表述给编程者带来很多便捷。在 Free Pascal 中，还可以使用二进制数，就是在数的前面添加符号%，如 X:=%101，相当于 X:=5。

除了常用的 integer（整型）外，Free Pascal 还支持以下 8 种整数类型，如表 2-3。

表 2-3　整数类型

名　称	类型标识符	数据范围
短整型	shortint	–128～127
长整型	longint	–2 147 483 648～2 147 483 647
字节型	byte	0～255
字型	word	0～65 535
整数类型	int64	–9 223 372 036 854 775 808～9 223 372 036 854 775 807
无符号整数	qword int64	0～18 446 744 073 709 551 615
无符号长整型	cardinal longint	–2 147 483 648～2 147 483 647
类 Integer	smallint	–32 768～32 767

注意：int64 不是有序类型。直接给一个 int64 类型的变量赋值一个超过 longint 范围的整数是非法的，这是因为 Free Pascal 在表达式的计算过程中用来存储整数的最大默认类型为 longint。

Pascal 语言规定，可以对整数类型的数据进行如下操作：

（1）算术运算

算术运算符有+、–、*、div、mod，运算结果都为整数，其中后 3 个运算符的优先级高于前两个。

div：整除，可以求得两数相除后商的整数部分。

mod：取余，可以求得两数相除后的余数。

例如：

　5 div 2 = 2　　　　　5 mod 2 = 1

　11 div 2 = 5　　　　 11 mod 2 = 1

–16 div 5 = –3　　　　–16 mod 5 = –1

Free Pascal 对 mod 是这样解释的：$A \bmod B = A - (A \operatorname{div} B) * B$

注意：mod 运算结果的符号总是和被除数相同，而与模无关。

–15 mod 6 = –3　　　　–15 mod(– 6)= –3　　　　15 mod(–6)= 3

（2）关系运算

关系运算符有：=、<>、<、>、<=、>=。运算结果为布尔量：真（true）或假（false），它们是 Pascal 中的两个特殊常量。

例如：5＝5，8＞7　结果都为 true。

　　　5<>5，8＜7　结果都为 false。

2. 实数类型

实数类型包括正实数、负实数和实数零。它的类型标识符为 real。实数的表示方法有两种。

① 日常表示法：就是我们平常使用的带小数点的表示方法。例如：2.5，–1.6，0.0 都是合法的。必须注意小数点前后都应该有数字，例如：7.，.8 都是非法的。一个整数可以当做实数使用，但反过来不行。

② 科学表示法：就是采用指数形式的表示方法。例如：6.1E3 表示 6.1×10^3，即 6 100；– 6.1E–3 表示– 6.1×10^{-3}，即– 0.0061。称 6.1E3 中的 E3 为指数部分，6.1 为尾数部分。注意指数部分不能为小数，尾数部分不能省略，例如：1.8E1.1，E+7 都是非法的。

对于 Real 类型，能表示的数据范围是 3.4E38，如果处理器是 16 位的，则占 4 个字节，即 single 类型；如果是 32 位的处理器，则占 8 个字节，此时范围和精度都与 double 一样，有 8 位有效数字。

double 实数类型，数据范围是 1.7e308，占 8 个字节，16 位有效数字。

extended 实数类型，数据范围是 1.1e4932，占 10 个字节，20 位有效数字。

Pascal 语言规定，可以对实型数据进行如下操作：

（1）算术运算

运算符有+、–、*、/，运算结果为实数。"/"叫实数除，即使有一个数为整数，甚至两个数都是整数，系统自动将整数转换为实数后再运算，结果仍为实数。

例如：7/2 = 3.5　　　　6/3 = 2.0

（2）关系运算

实数可以做关系运算，运算对象还可以有一个整数，但运算结果都是布尔类型。

3. 字符类型

字符类型指用单引号括起来的 Pascal 字符集中的任意一个字符。

如' A '，' 6 '，' : ' 分别表示字符 A，字符 6，冒号。

但要注意，' 7 '与 7 是不同的，' 7 '为数字字符，而 7 为整数，它们属于不同的数据类型。另外，对于单引号字符，因为已作为定界符号，所以它的表示规定为''''，而不是'''。

一个字符在内存中占一个字节。字符类型的标识符为 char，它是有序的。此外，由多个字符组成的字符串（例如：' abcd '）的类型标识符为 string。

Pascal 语言规定，可以对字符类型数据进行关系运算。

人们操作计算机时，经常会接触到字符，比如：英文字符、数字运算符号等。为了对大量的字符进行管理，不同的计算机系统采用不同的编码方法。ASCII 码是一种常用的字符编码。

ASCII 码是美国标准信息交换代码，每一个编码对应一个字符。ASCII 码由 8 个二进制位组成，通常用右面的 7 位表示字符，第 8 位用于检验错误或空闲不用。

第 1～128 个字符是标准 ASCII 码字符，这些字符在不同的计算机上几乎是相同的。本书附录 1 是标准 ASCII 码表。

在 ASCII 码表中，数字 0 的 ASCII 码是 48，数字 1 的 ASCII 码是 49，依此顺序排列，数字 9 的 ASCII 码是 57。英文大写字母 A～Z 的 ASCII 码分布在 65～90，英文小写字母 a～z 的 ASCII 码分布在 97～122。

例如：数字 5 的 ASCII 码是 53，字符 C 的 ASCII 码是 67，ASCII 码 84 代表字符 T，ASCII 码 107 代表字符 K。

在 Pascal 字符集中，用字符序号（ASCII 码）的大小来定义相应字符之间的大小关系。因此，所有的字符都可以进行比较。常用的是数字字符之间或字母之间的比较，比较结果是布尔类型。

例如：' 2 '<' 6 ' 结果为 true，

'a'>' b ' 结果为 false。

4. 布尔类型

布尔类型数据只有两个：真和假，分别用标准常量 true（真）和 false（假）来表示。布尔类型的类型标识符为 boolean，它是顺序类型。规定 false＜true，false 的序号为 0，true 的序号为 1。

Pascal 语言规定，可以对布尔类型数据进行如下操作：

（1）关系运算

结果为布尔类型。

例如：true＞false　　结果为 true，

true = false　　结果为 false。

（2）逻辑运算

逻辑运算符有 not（非）、and（与）、or（或），结果为布尔类型。

not：表示对原值进行逻辑否定，假设 x 为布尔量，其值为 false，则 not x 的值为 true。好像电灯的开关钮，按一下开，再按一下关。

and：表示对两个逻辑量（如 x，y）进行"与"运算，即 x and y，只要 x、y 有一个为 false，则运算结果也为 false，好像串联电路的开关。

or：表示对两个逻辑量（如 x，y）进行"或"运算，即 x or y，只要 x、y 有一个为 true，则运算结果也为 true，好像并联电路的开关。

2.3.2　常　量

所谓常量，是指在程序执行过程中其值不能被改变的量。它们可以是整型、实型、字符、字符串。

如 5，6.8，' F '，' gj '，1E6 都是常量。

为了提高程序的可读性和通用性，我们在程序中往往用一些标识符来代表具体的常量。除了 Pascal 规定的三个标准常量 maxint、true、false 外，用户还可以定义新的常量。

常量定义的一般形式：

const

〈常量标识符〉＝〈常量〉；

其中 const 是保留字。

例如：const pi = 3.14;

　　　　　t = true;

常量标识符，如 pi，t 也叫符号常量。

Pascal 对常量定义要求如下：

① 要放在程序说明部分。

② 必须遵循先定义后使用的原则。

③ 不允许重复定义或一次定义多个常量。

例如：const a = 1;

　　　　　a, b = 10;

　　　　　c = 1 or 2;

是错误的，a 重复定义，a，b 不能同时被定义，c 不能既表示 1 又表示 2。

2.3.3 变　量

变量指在程序执行过程中其值可以被改变的数据。变量名是用户自定义的标识符，变量类型可以是标准类型，也可以是自定义类型，变量必须先说明再使用。

变量说明的一般形式为：

var

　　〈变量名表〉：类型标识符；

其中变量名表是以逗号分隔的变量标识符。

例如：var

　　　　　a,b: integer;

　　　　　x,y: real;

　　　　　ch : char;

　　　　　t : boolean;

但下列说明是非法的。

　　var

　　　　a，b = integer;

　　　　ch   : char;

　　　　ch   : boolean;

a，b 后边不能用=，ch 不能重复定义。

应该指出，变量一经说明，系统就为其分配内存。程序中使用该变量时，就要在相应的内存单元读写数据，一般称为对变量的访问。

2.4　函数与表达式

函数有能够完成特定计算的功能。对于一个或多个原始数据，通过函数处理，可以得到一个结果。原始数据称为自变量（也叫参数），结果称为因变量（也叫函数）。每个函数都有一个名称，用标识符表示。通常使用函数就是调用函数名，并将原始数据代入，以求得一个

函数值。

函数的一般形式为：函数名（参数表）

函数的调用形式为：函数名（原始数据表）

函数分为标准函数和自定义函数两种。标准函数是指 Pascal 系统中已经存在的函数，可以直接使用。自定义函数是指用户根据需要，自己定义的函数，必须先定义才能使用。

本节只介绍标准函数，自定义函数将在第 6 章介绍。

2.4.1　Pascal 标准函数

Pascal 标准函数分为 4 类：整型、实型、字符型、布尔型。

1. 自变量为整型的标准函数

（1）顺序函数

前趋函数：pred(x)，函数值为 $x-1$。如：pred(6)= 5　pred(-6)= -7

后继函数：succ(x)，函数值为 $x+1$。如：succ(5)= 6　succ(-5)= -4

（2）算术函数

绝对值函数：abs(x)，函数值为|x|。如：abs(-6)= 6　abs(6)= 6

平方函数：sqr(x)，函数值为 x^2。如：sqr(-3)= 9　sqr(5)= 25

（3）转换函数

奇函数：odd(x)，函数值为布尔型。当 x 为奇数时，函数值为 true；x 为偶数时，函数值为 false。如：odd(5)= true　odd(6)= false

字符函数：chr(x)，函数值是序号（ASCII 码）为 x 的字符，是字符型。如：chr(66)= ' B ' chr(98)= ' b '

2. 自变量为实型的标准函数

（1）算术函数

在下列 Pascal 标准函数中，x 可以是实型或整型数。对于函数 abs 和 sqr，其结果类型和 x 的类型相同，其他函数的结果都为实型。

绝对值函数 abs(x)：函数值为 x 的绝对值。

平方函数 sqr(x)：函数值为 x 的平方。

平方根函数 sqrt(x)：函数值为 x 的算术平方根。

指数函数 exp(x)：函数值为指数 e^x。

对数函数 ln(x)：函数值为 x 的自然对数。

正弦函数 sin(x)：函数值为 x 的正弦，其中 x 的单位为弧度。

余弦函数 cos(x)：函数值为 x 的余弦，其中 x 的单位为弧度。

反正切函数 arctan(x)：函数值为 x 的反正切，单位为弧度。

Pascal 语言没有乘幂运算符和函数。由于 $x^y = e^{y\ln x}$，因此，若要计算 x^y，可用指数函数来计算：即 $x^y = \exp(y*\ln(x))$。

（2）转换函数

在下面的转换函数中，x 是实型数，函数的结果类型是整型。

截尾函数 trunc(x)：舍去实数 x 的小数部分，并转换为整型。

舍入函数 round(x)：对实数 x 作四舍五入，并转换为整型。

例如：

trunc(5.5)= 5   trunc(–5.5)= –5
round(5.5)= 6   round(–5.5)= –6
round(5.4)= 5   round(–5.4)= –5

3. 自变量为字符类型的标准函数

前趋函数：pred(ch)，函数值为 ch 字符的前一字符。如：pred(' 6 ')= ' 5 '   pred(' B ')= 'A '

后继函数：succ(ch)，函数值为 ch 字符的后一字符。如：succ(' 5 ')= ' 6 '   succ(' A ')= ' B '

序数函数：ord(ch)，函数值为 ch 字符在 ASCII 表中的序号，结果为整型。如：ord(' 8 ')=

56   ord(' b ')= 98

ord 函数与前面介绍的 chr 函数互为逆函数，因此有以下恒等式：

chr(ord(ch))=ch   ord(chr(n))= n

其中 ch 为字符型变量，n 为整型变量。

4. 自变量为布尔类型的标准函数

前趋函数：pred(true)= false，pred(false)无意义。

后继函数：succ(false)= true，succ(true)无意义。

序数函数：ord(false)= 0，ord(true)= 1。

2.4.2 Pascal 的运算符及表达式

1. 运算符

Pascal 语言的基本运算符有 5 种，见表 2-4。

表 2-4   基本运算符一览表

	运算符	操作数类型	结果类型
算术运算	+ – *	整数或实数	整数或实数
	/	整数或实数	实数
	div mod	整数	整数
关系运算	= <>	除文件类型外各种数据类型	布尔
	< >	标准类型，枚举型，子界型	
	<= >=	标准类型，枚举型，子界型，集合	
	in	顺序类型，集合	
逻辑运算	not and or	布尔	布尔
集合运算	+ – *	集合	集合
赋值运算	:=	除文件类型外各种数据类型	非文件类型

2. 表达式

表达式是指由运算符将常量、变量、函数、集合等连接起来的式子。单个常量、变量、函数都可以看成表达式。程序中所有的运算都是由表达式完成的。

对表达式的运算，必须规定运算次序，即运算符的优先级，主要有三条规则：

① 优先级由高到低的次序是：一元运算符（–，not）、乘法运算符（*，/，div，mod，and）、

加减运算符（+，–，or）、关系运算符（包含 in）。优先级高的先运算。

② 同级运算由左到右。

③ 括号优先级最高，先算内层，再算外层。

在书写表达式时，应该注意以下几个方面：

① 只允许用圆括号，而且必须成对出现。

② 不允许连续出现两个运算符。

③ 乘法运算符不能省略。

表达式一般分为 3 种：

（1）算术表达式

由算术运算符连接起来的式子。

例 2-12   计算表达式 3*5/(5 div 2) – 6 + sqr(2)。

根据运算规则，可得运算结果为 5.5。

（2）关系表达式

由关系运算符连接起来的式子，结果为布尔量。

如 ' B '>' A ' 结果为 true。

（3）逻辑表达式

由逻辑运算符将基本条件式连接起来的式子，结果为布尔量。

例 2-13   计算下列逻辑表达式：

（6>5）and not (' A '>' B ')。

先计算 6>5   结果为 true，

再计算 ' A '>' B '   结果为 false，

not(' A '>' B ')   结果为 true，

所以整个式子的结果为 true。

习题 2

1. 简答题

（1）Free Pascal 最常用的是哪些版本？

（2）Pascal 语言程序由哪几部分组成？

（3）说明自定义标识符的命名规则，并举例。

（4）实数类型有哪几种表示方法，并简要叙述。

（5）布尔类型量可以做哪些运算？运算规则是什么？

2. 选择题

（1）Pascal 程序的执行部分是（   ）。

A. 程序体   B. 语句部分

C. 程序说明部分和语句部分   D. 整个程序

（2）标准 Pascal 程序说明部分的正确顺序是（   ）。

A. label—const—var—type   B. var—const—label—type

C. label—const—type—var   D. const—var—type—label

（3）表达式 sqrt(abs(–100)*sqr(round(5.8))) 的值是（　　　）。

A. 50　　　　　　　　　　　　　　B. 60

C. 50.0　　　　　　　　　　　　　D. 60.0

（4）把整数 5 变为字符 ' 5 ' 的表达式为（　　　）。

A. chr(5)–ord(' 0 ')　　　　　　　B. chr(5–ord(' 0 '))

C. chr(5+ord(' 0 '))　　　　　　　D. chr(5+ord(0))

（5）下列式子中，正确的关系表达式为（　　　）。

A. ' a '<100　　　　　　　　　　　B. 23.6<21

C.（1<2）and（' A '>' B '）　　　　D. 5<x<8

3. 填空题

（1）ax^2+bx+c 的 Pascal 表达式为_____。

（2）一元二次方程的根的 Pascal 表达式为_____。

（3）已知 $b1$、$b2$、$b3$ 的布尔值分别为 true、false、false。

① not $b1$ and not $b2$=_____。

② $b1$ or $b2$ and $b3$=_____。

③（not $b1$ or $b2$）and　（$b2$ or $b3$）=_____。

（4）将小写字母 x 变为大写字母的式子为_____。

（5）有一编码规则如下：

原码：Ａ Ｂ Ｃ…Ｘ Ｙ Ｚ

密码：Ｚ Ｙ Ｘ…Ｃ Ｂ Ａ

已知原码变量为 x，则密码的表达式为_____。

4. 判断题

（1）Free Pascal 程序首部的（input, output）可以省略。

（2）程序说明部分的各说明项次序不可颠倒。

（3）程序中一行可以写多个语句，一个语句也可以写成多行。

（4）end 上面的一行语句末尾可以不加 "；"。

（5）调用函数时，必然能得到一个值。

5. 画图

判断一个数是不是奇数。根据算法分析，完善 N—S 图，并将 N—S 图改画成流程图。

设输入数为 a，若 a 为奇数，将变量 b 置 1，若 a 不是奇数，将变量 b 置 0。

算法分析：

（1）输入一个数 a

（2）判断 a 是否奇数（可以用 odd(x)函数）。若是，则 b←1，否则 b←0。

（3）输出 b 的值。

输入 a	
odd(a)	
T　　　　　　F	
①	②
输出 b	

结果：①_____　②_____

6. 求表达式的值，并指出运算次序

（1）已知 a、b、c、d、e、f 都是整型变量，它们的值分别为 6、4、3、5、2、5，计算下列表达式：$a+b*c*(d \text{ div } e)-f$

（2）((3>2) and (8<2)) or not (2>1)

（3）((8＜7) or ('y'＞ 'x')) and ((6＞5) and not (5＞2)) or (2＞1)

7. 将下列代数式写成 Pascal 表达式

（1）(a+b)(a–b)

（2）$\dfrac{\sin(x)}{x-1}$

（3）$\sqrt{s(s-a)(s-b)(s-c)}$

（4）$\dfrac{a+b+c}{2}$

（5）ln(x+y)

（6）xy^3

▶ 习题 2 参考答案

1. 简答题

（1）Free Pascal 最常用的是 2.01 和 2.04 两个版本。

（2）Pascal 程序由两大部分组成：

① 程序首部

② 程序体

程序体由程序说明部分和执行部分组成。

（3）标识符是以字母或下划线开头的字母、数字、下划线序列。注意不能与保留字同名。尽量避免与标准标识符同名。最好有一定的含义。大小写字母可以混用。例如 yu、y_zh 合法，x+y、2xy 非法。

（4）实数类型有两种表示方法。

① 日常表示法：就是我们日常使用的带小数点的表示方法，如 2.501。

② 科学表示法：就是采用指数形式的表示方法，如 7E2。

（5）布尔类型量可以用 not（非）、and（与）、or（或）运算。

运算规则如下：

not 运算：对原值否定。如 x 为真，则 not x 的值为假。

and 运算：对两个布尔量进行"与"运算。只要有一个为假，运算结果就为假。表示为 x and y。

or 运算：对两个布尔量进行"或"运算。只要有一个为真，运算结果就为真。表示为 x or y。

2. 选择题

（1）B　　　（2）C　　　（3）D　　　（4）C　　　（5）B

3. 填空题

（1）a*x*x+b*x+c

（2）(–b+sqrt(b*b–4*a*c))/(2*a) 和 (–b–sqrt(b*b–4*a*c))/（2*a）

（3）① false

② true

③ false

（4）chr(ord(x) – ord ('a') + ord ('A'))

（5）chr(ord('A') + ord ('Z') – ord (x))

4. 判断题

（1）对，但标准 Pascal 不能省略。

（2）错

（3）对

（4）对。end 上面的语句也可以加 "；"。

（5）对

5.

（1）① $b\leftarrow1$ ② $b\leftarrow0$ 流程图略

6.（1）6 + 4 * 3 * (5 div 2) - 5

       ↑ ↑ ↑   ↑   ↑

      ④ ② ③   ①   ⑤

运算结果为 25。

（2）（（3>2) and（8<2)) or   not （2>1)

     ↑   ↑   ↑   ↑   ↑   ↑

     ①   ③   ②   ⑥   ⑤   ④

运算结果为 false。

（3）（（8<7) or（' y '>' x ')) and （(6>5) and not（5>2)) or（2>1)

    ↑   ↑   ↑   ↑   ↑ ↑   ↑   ↑

    ①   ③   ②   ⑧   ④ ⑦⑥   ⑤   ⑩   ⑨

运算结果为 true。

7. Pascal 表达式为：

（1）$(a+b) * (a-b)$

（2）$\sin(x)/(x-1)$

（3）$sqrt(s*(s-a)*(s-b)*(s-c))$

（4）$(a+b+c)/2$

（5）$\ln(x+y)$

（6）$x*\exp(3*\ln(y))$

第3章 顺序结构程序设计

用计算机解决问题和日常生活中一样。要事先制定一个解题计划，并设计好具体方法，然后把这个方法分解成计算机能执行的具体步骤和指令，输入计算机执行，这个过程就是程序设计。因此，程序设计就是分析问题、设计算法、编写程序、调试程序的过程。

所谓结构化程序设计是指：

① 程序必须严格的由 3 种控制结构——顺序结构、选择结构和循环结构组成，每个控制结构只有一个入口和一个出口，是一个独立的程序块。

② 自顶向下，逐步求精的设计步骤。即先把问题分成几个子问题，然后对子问题再细化，逐步求精，直到能直接用语句编程为止。

③ 对数据进行抽象处理，把数据分成不同的数据类型，以便准确地描述数据。

在 Pascal 语言中，语句分为简单语句和构造语句两大类。本章将介绍顺序结构中最常用的几个简单语句。

3.1 赋值语句

在程序中，语句用来描述要实现的操作。所有语句中，最基本的是赋值语句，它用来给变量提供数据。程序中所进行的各种运算，大多数由赋值语句来完成。

赋值语句的格式：

变量标识符 := 表达式；

赋值语句的执行是先计算，后赋值，即先计算表达式的值，然后赋给变量标识符。

如 $x:=2*8$ 是先计算 $2*8$ 的值 16，然后赋给变量 x，结果 x 为 16。

例 3-1 执行如下程序，给出 b，c，d 的值。

```pascal
program p3_1(input, output);
const
  a=128;
var
  b, d: integer;
  c: real;
begin
  b:=a div 16; {先计算 a div 16，得 8，再赋给 b}
  c:=a/b; {计算 a/b 得 16，再自动变为实型 16.0 赋给 c}
  d:=a; {d 的值为 128}
end.
```

程序中的 {} 内的是注释部分，程序运行时并不执行。我们还可以用（* 和 *）给语句加注

释，也可以用//comment 加注释，但其中 comment 必须在同一行内。

运行结果：b 的值为 8，c 的值为 16.0，d 的值为 128。

说明：

① ":=" 称为赋值号，不要与 "=" 混淆。赋值号有方向性，左边只能是变量，如–x=:1 是非法的。

② 赋值号两边的类型应该相同，但有一个特例：整型表达式可以赋给实型变量（属于赋值相容）。

③ 一个赋值语句只能给一个变量赋值，变量可以被赋值多次，但只保留最后一次的值。

④ 被赋值的变量可以作为表达式因子参与运算，如 i:=i+1。

⑤ 对变量赋值，实际是对变量的存入访问，即将数据存入变量相应的内存单元中。而表达式中的变量，是对变量的取出访问，即从变量相应的内存单元中取出数据，再参与表达式运算。如 d:=a，对 d 是存入访问，对 a 是取出访问，所以变量 a 中的值不会改变。

例 3-2　写出执行下面的程序后，变量 a、b 的值。

```
program p3_2(input,output);
var
  a,b:integer;
begin
  a:=1;
  b:=2;
  a:=b;
  b:=a;
end.
```

运行结果：a 的值为 2，b 的值也为 2，因为执行 a:=b 后，a 的值已变为 2，再赋给 b 后，b 也为 2。

在程序中，经常用 a:=a+1 作计数器，a:=a+x 作累加器，a:=a*x 作累乘器。如 a:=2，x:=3，执行一次上述 3 个语句后，a 的值分别为 3、5、6。

◯ 3.2　输入（read、readln）语句

实际操作中，如果变量的值事先不知道，并且需要经常发生改变，使用赋值语句显然不再适宜。此时，需要一个灵活的提供数据的语句，能在程序运行后，从键盘输入变量的值。这就是我们要介绍的输入语句。

输入语句的格式：

格式 1　　　read〈变量名表〉；

格式 2　　　readln（〈变量名表〉）；

执行该语句时，程序进入等待状态，等待用户从键盘输入数据，输入的数据将依次赋给变量表中的变量，而后程序继续执行其他语句。

说明：

① 变量表中的变量可以是一个，也可以是多个，多个时要以逗号分隔。

② 从键盘输入数据时，数据个数不能少于变量个数，否则系统仍处于等待状态。当数据多于变量个数时，对于 readln 语句便将其忽略。对于 read 语句，要么将其忽略（后面没有输入语句时），要么被下一个输入语句读入（后面有输入语句时）。

③ 输入数值型数据时，数据间用空格或回车键分隔，最后一定要按回车键。输入字符型数据时，数据间不能用空格或回车分隔，必须连续输入。

④ 从键盘输入的数据必须是常量，且与变量的类型要一致。

⑤ readln 后可以没有变量名表，（）中内容是可选项。此时该语句只相当读入了"回车"符。

read 与 readln 的关系可以表示为：

readln（x）；等价于 read（x）；readln；

例 3-3 将 1、2、3 分别赋给 3 个整型变量 i，j，k，若使用 read（i，j，k）；语句，给出可能的输入数据格式。

根据前面说明可知，正确的输入格式有以下几种：（其中⊔表示空格，↙表示"回车"）

（1）1 ⊔ 2 ⊔ 3↙

（2）1 ⊔ 2↙

3↙

（3）1↙

2 ⊔ 3↙

（4）1↙

2↙

3↙

例 3-4 使用 read（ch1,ch2,ch3）；将 'd' 'o' 's' 三个字符分别赋给 ch1、ch2、ch3 三个字符变量，如何输入数据？

方法只有一个：连续输入 dos↙

其他输入形式都是错误的，如 d ⊔ o ⊔ s↙

注意：整型和实型变量可以共用一个输入语句，而字符变量不能与它们共用一个输入语句。

例 3-5 观察 read 语句的使用。

read（a,b,c）；

read（i,j,k）；

输入数据：

1 ⊔ 2 ⊔ 3 ⊔ 4 ⊔ 5↙

6 ⊔ 7 ⊔ 8 ⊔ 9 ⊔ 0↙

读入结果为：

1 ⊔ 2 ⊔ 3 ⊔ 4 ⊔ 5

↑ ↑ ↑ ↑ ↑

a b c i j   （多余数被下一个 read 读入）

6 ⊔ 7 ⊔ 8 ⊔ 9 ⊔ 0

↑

k   （多余数被忽略）

例 3-6 观察 readln 语句的使用。

readln（a,b,c）；

readln（i,j,k）；

输入数据：

1 □ 2 □ 3 □ 4 □ 5✓

6 □ 7 □ 8 □ 9 □ 0✓

输出结果为：

1 □ 2 □ 3 □ 4 □ 5

↑　　↑　　↑

a　　b　　c　　　　　（多余的数都被忽略）

6 □ 7 □ 8 □ 9 □ 0

↑　　↑　　↑

i　　j　　k

3.3　输出（write、writeln）语句

赋值语句、输入语句是向程序提供数据的语句，程序运行完毕，又如何查看运行结果呢？这就需要输出语句。一个能解决实际问题的程序是不可以没有输出语句的。

输出语句的格式：

格式 1　　write〈输出项表〉；

格式 2　　writeln（〈输出项表〉）；

执行输出语句时，会按指定的格式将输出项的内容输出到屏幕上。

说明：

① 输出项可以是一项，也可以是多项，输出多项时各项以逗号分隔。

② 输出项可以是任何一种标准数据类型。

③ 输出项可以是常量、变量、函数、表达式。

输出项为常数时，直接输出其值。

输出项为变量时，输出该变量存储单元中的内容。

输出项为函数或表达式时，先计算，后输出。

④ write 语句输出完最后一项后不换行，此语句至少含有一个输出项。writeln 语句输出完最后一项后换行，该语句允许没有输出项，此时该语句不输出任何内容，只起换行作用。

write 与 writeln 的关系可以表示为：

writeln(x)；等价于 write(x)；writeln；

例 3-7 查看程序运行结果。

```
program p3_7(input, output);
const
    a=1;
    b=2;
begin
```

```
writeln(6);
writeln(a);
writeln(sqr(3));
writeln(a+b);
writeln('a+b=',a+b);
write('pi=');         {输出 pi=后，光标不换行}
writeln(3.14);        {接在上一行后输出，输完后光标换行}
end.
```

输出结果为：

6

1

9

3

a+b=3

pi=3.14

（4）输出语句的输出格式

在 Pascal 程序设计中，数据的输出格式非常重要。我们将每一种类型的数据在输出时所占的列数称为场宽。Free Pascal 对各种类型数据定义的标准场宽见表 3-1。

表 3-1　标准场宽

数据类型	标准场宽	实　例	输出结果
整型	实际长度	write(7864);	7864
实型	17 位	write(−523.8);	−5.2380000000E+02
字符型	字符长度	write(' Pascal ');	Pascal
布尔型	4 或 5 位	const t=true write(t);	true

从表 3-1 中可见，标准场宽就是实际输出值的宽度，一般不能满足各种需要，Free Pascal 允许用户自己来定义场宽。自定义场宽分为单场宽和双场宽。

① 单场宽：用来控制整型、字符型、布尔型数据的输出格式，不能用于实型。

格式为　$x:n$

x 表示要输出的项目，n 表示输出时所占的列数，n 为正整数。

例3-8　设 k 为整数 2008，ch 为字符 '!'，f 为布尔值 true，执行如下语句：

writeln（k:5）；

writeln（ch:5）；

writeln（f:5）；

writeln（'love':5）；

屏幕显示为：

☐ 2008

☐ ☐ ☐ ☐!

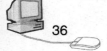

⊔ true

⊔ love

② 双场宽：用来控制实型数据的输出格式。

格式为 $x : n1 : n2$

x 表示要输出的项目；$n1$ 表示输出 x 时所占的总列数，包括符号位、整数部分、小数点和小数部分；$n2$ 表示小数部分的列数。$n1$、$n2$ 应为正整数，且 $n1 > n2$。

如　writeln（197.9:7:2）；

　　writeln（-1.979:7:2）；

　　输出结果为：

　　⊔ 197.90

　　⊔ ⊔-1.98

说明：

① 自定义场宽优先级高于标准场宽。

② 单场宽一律右对齐，双场宽向小数点看齐，多余的小数位数补零。

③ 当数据突破场宽时，首先保证数据的准确。但双场宽的 $n2$ 限制仍然有效。

④ 双场宽的小数部分按四舍五入显示，但内存中该数仍是原来的精确度。

例 3-9　写出程序的输出结果。

```
program p3_9(input, output);
var
  a:integer;
  b:real;
  c:char;
  d:boolean;
begin
  a:=78;
  b:=2003.09;
  c:='%';
  d:=true;
  writeln(a,a:2);
  writeln(b,b:5:2);
  writeln(c,c:2);
  writeln(d,d:5);
  writeln('zhe':6);
end.
```

运行结果为：

7878

2.0030900000E+032003.9

% %

true true

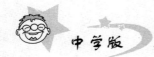

zhe

3.4 应用实例

我们知道，程序是用来解决实际问题的，要解决问题就必须有数据，所以实际上是数据处理的过程。这必然涉及到数据的输入与输出、数据的传递等，因此，赋值语句、输入输出语句是程序设计最基本最重要的语句。

下面通过一些实例来进一步说明它们的应用。

例 3-10 鸡兔同笼问题。已知鸡和兔的总数量是 H，鸡兔腿的总数量为 F，求鸡和兔各多少只？

分析：设鸡为 c 只，兔为 r 只，则有

$$\begin{cases} c+r=H, \\ 2*c+4*r=F \end{cases}$$

解得 $c = (4*H-F)/2$,
$r = H-c$。

程序如下：

```pascal
program p3_10(input, output);
var
  H,F,c,r:integer;
begin
  readln (H,F) ;
  c:= (4*H-F) div 2;
  r:=H-c;
  writeln('The number of click is',c:2);
  writeln('The number of rabbit is',r:2);
end.
```

运行结果：

输入：20 ⊔ 62↙

输出：The number of chick is 9
　　　The number of rabbit is 11

例 3-11 交换两个变量 a, b 的值。

分析：编写程序时，经常要交换两个变量的值，交换的方法也有很多，这里给出两种：

（1）先设定变量 c 作中间变量，将 a 的值放入 c，再将 b 的值放入 a，最后将 c 的值放入 b，就好像交换一杯茶水和一杯白水一样。

程序如下：

```pascal
program p3_11(input, output);
var
  a,b,c:integer;
```

```
begin
  read(a,b);
  c:=a;
  a:=b;
  b:=c;
  writeln(a:5,b:5);
end.
```

（2）先求出 *a*，*b* 的和放入 *a* 中，再从 *a* 中减去 *b*，其差放于 *b* 中，此时 *b* 中放的是原来 *a* 的值。最后还用 *a* 减 *b*，差放于 *a* 中，此时 *a* 中存放的就是原来 *b* 的值。

程序如下：

```
program p3_12(input,output);
var
  a,b:integer;
begin
  a:=1;
  b:=2;
  a:=a+b;
  b:=a-b;
  a:=a-b;
  writeln(a:5,b:5);
end.
```

运行结果：2 1

请思考：是否还有其他方法。

例 3-12 随机产生一个三位自然数，找出其百位、十位、个位上的数字。

分析：要产生随机数，必然用随机函数，由于要求的是自然数，所以还要对随机数取整，这样的三位数可以用下式求得：

trunc(random∗900)+100

该式可产生 100～999 之间的随机整数。

其中 random 是随机函数，能产生 0～1 之间的随机实数。trunc 是截尾函数，它的作用是截去实数的小数部分。

假设三位数为 *x*，百位、十位、个位的数字为 *a*，*b*，*c*，则程序语句为：

a:=x div 100;
b:=(x-a∗100) div 10;
c:=x mod 10;

程序如下：

```
program p3_13;
var
  x,a,b,c:integer;
begin
```

```
randomize;
x:=trunc(random*900)+100;
writeln('x=',x);
a:=x div 100;
b:=(x-a*100)div 10;
c:=x mod 10;
writeln('baiwei=',a);
writeln('shiwei=',b);
writeln('gewei=',c);
readln;
   end.
```

运行结果为：
x=598
baiwei=5
shiwei=9
gewei=8

在程序中，使用了 randomize 语句，它的作用是使每次运行程序时，random 函数产生不同的随机数。randomize 的这一作用叫埋种子。

在程序的最后，使用了 readln 语句，它的作用本来是读入一个回车符，这里正是借助这一功能，使程序运行完毕，自动切换到用户屏幕，使用户马上就能看到运行结果，然后按回车键就可以回到编辑窗口。

在程序首部，没有使用标准文件 input, output，因为 Free Pascal 中的参数表可以省略。

习题 3

1. 简答题
（1）结构化程序设计的特点。
（2）使用赋值语句的注意事项。
（3）read 与 readln 语句的关系。
（4）write 语句的场宽有什么用途?实数类型只能使用双场宽吗?

2. 判断题
（1）Pascal 语句分为两大类：基本语句和构造语句。　　（　　）
（2）整型数据可以赋给实型变量。　　（　　）
（3）自定义场宽分为标准场宽和指定场宽。　　（　　）
（4）输出语句必须带有输出项。　　（　　）
（5）整型和字符型变量可以共用一个输入语句。　　（　　）

3. 写出程序运行结果
（1）**program** ex3-1(input, output);
　var

```pascal
  a,b,s,d:integer;
  x,y,g:boolean;
begin
  a:=5;
  b:=6;
  s:=a+b;
  d:=a div b;
  x:=a<b;
  y:=a=b;
  g:=a>b;
  write('s=',s:5);
  writeln('d=',d:5);
  writeln('x=',x);
  writeln('y=',y,'g=',g);
  writeln(b/a:5:5);
end.
```

(2) **program** ex3-2(input, output);

```pascal
var
  a,b:integer;
  c,d:boolean;
begin
  a:=8;
  b:=7;
  c:=odd(a);
  d:=odd(b);
  writeln('c=',c);
  writeln('d=',d);
  writeln('c and d=',c and d);
end.
```

(3) **program** ex3-3(input, output);

```pascal
var
  a,b,h,s:real;
begin
  a:=5;
  b:=6;
  h:=2;
  s:=(a+b)*h/2;
  writeln('s=',s:6:2);
end.
```

(4)
```pascal
program ex3-4(input, output);
  var
    a,b:integer;
  begin
    a:=2;
    b:=3;
    writeln('a=',a, 'b=',b);
    a:=a*b;
    b:=a div b;
    a:=a div b;
    writeln('a=',a,' b=',b);
  end.
```

4. 编写程序

(1)编写程序，分别用字符打印如下图形：

① *****   ② #
 *****   ##
*****   ###

(2)输入 x，y 两个变量的值，输出 $x+y$ 的横式与竖式。

(3)输入三个变量 a、b、c 的值，将它们交换后打印输出。

(4)输入一个四位数 1976，将其各位数字倒序打印，即输出 6791。

(5)输入一个时间的秒数，求出对应的小时数、天数、周数。

▶ 习题3参考答案

1. 简答题

(1)结构化程序设计的特点：

① 程序必须严格由 3 种控制结构——顺序结构、选择结构和循环结构组成。每种结构都是一个独立模块，只有一个入口和一个出口。

②"自顶向下，逐步求精"的设计步骤。即先把问题分成几个子问题，再分别细化，逐步求精，直到能直接用语句编程为止。

③ 对数据进一步抽象，并分成不同的数据类型，以便对数据进行准确的描述。

(2)使用赋值语句要注意：

①":="有方向性，将右值赋给左值，左边必须是变量。

② 赋值号两边要赋值相容。

③ 一次只能给一个变量赋值。

(3)read 读完最后一个数据后不换行，read 中至少要有一个变量。

readln 语句最后一个变量读完数据后换行，其余数据将被忽略。readln 语句中可以没有变量，此时的作用是读入一个回车符。

(4)write 语句的场宽是用来限定输出格式的，分为标准场宽和自定义场宽两种，自定义

场宽的优先级高于标准场宽。

实数类型一般采用双场宽，此时按十进制形式输出。实数也可以使用单场宽，此时在限定宽度内按指数形式输出。

2. 判断题

（1）对

（2）对

（3）错　自定义场宽分为单场宽和双场宽。

（4）错　writeln 后面可以不带输出项。

（5）错　整型和实型都不能与字符型共用一个输入语句。

3. 写出程序运行结果

（1）s =□□□ 11 d =□□□□ 0

　　x=true

　　y=false g=false

　　　1.20000

（2）c = false

　　d = true

　　c and d = false

（3）s = 11.00

（4）a = 2　b = 3

　　a = 3　b = 2

4. 编写程序

（1）① 程序如下：

```
program ex3-5a (input, output);
begin
  writeln('*****':10);
  writeln('*****':9);
  writeln('*****':8);
end.
```

② 程序如下：

```
program ex3-5b (input, output);
begin
  writeln('#');
  writeln('##');
  writeln('###');
end.
```

（2）程序如下：

```
program ex3-6 (input, output);
var
  x,y:integer;
```

```pascal
begin
  readln(x,y);
  writeln('打印横式：');
  writeln('x+y=',x, '+', y, '=', x+y);
  writeln('打印竖式');
  writeln(x:8);
  writeln('+':2,y:6);
  writeln('--------');
  writeln(x+y:8);
end.
```

（3）程序如下：

本例中，a 的值赋给 b，b 的值赋给 c，c 的值赋给 a。

```pascal
program ex3-7 (input, output);
var
  a,b,c,t:integer;
begin
  readln(a,b,c);
  t:=a;
  a:=b;
  b:=c;
  c:=t;
  writeln(a:6, b:6, c:6);
end.
```

（4）程序如下：

```pascal
program ex3-8 (input, output);
var
  a, b, c, d, x: integer;
begin
  x:=1976;
  a:=x mod 10;
  x:=x div 10;
  b:=x mod 10;
  x:=x div 10;
  c:=x mod 10;
  d:=x div 10;
  x:=a*1000+b*100+c*10+d;
  writeln(x);
end.
```

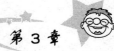

（5）程序如下：

```pascal
program ex3-9 (input, output);
var
  s:integer;
  h,d,w:real;
begin
  readln(s);
  h:=s/3600;
  d:=h/24;
  w:=d/7;
  writeln(h:6:2, 'hour');
  writeln(d:6:2, 'day');
  writeln(w:6:2, 'week');
end.
```

第4章 选择结构程序设计

选择结构是一种常用的基本结构，是计算机科学用来描述自然语言和社会生活中分支现象的手段。其特点是根据给定的条件在两种或多种可能的情况中选择一条路径，不同路径代表对事件的不同处理方式。当对应某一操作的条件成立时，执行相应操作。否则，如果其他操作条件成立时执行其他的相应操作。例如在节假日出游时可能会有多种到达旅游目的地的旅行方式：乘坐飞机或者乘坐火车、汽车，那么我们应当选择一种适合自己的方式。经济比较宽裕的人们会选择乘坐飞机，经济情况一般的人则会选择火车或汽车。此例中人的经济状况通常决定了他的旅行方式，出发前必须进行选择。Pascal 语言是一种结构化程序设计语言，选择结构是其中最重要的三种设计结构之一。

4.1 逻辑运算及布尔表达式

一些事物具有两种状态，比如答案的对与错，计算机的开与关，以及天气的好与坏等。逻辑判断就是对事物的状态进行判断。例如小刚是男孩，灯是开着的等都可以视为简单的逻辑。

（1）布尔常量

逻辑运算的值用"真"或"假"来表示，在 Pascal 语言中分别用 true 和 false 这两个布尔常量来表示，为了书写方便，使用时可以按如下来定义布尔型常量：

```
const t=true;
f=false;
```

在程序的执行部分就可以用 t 代表"真"，用 f 代表"假"，例如 write（t，f）；输出的结果将是：true false。

（2）布尔变量

布尔变量定义如下：var
          t,f:boolean;

定义后 t 和 f 就成为布尔型变量，它们的值可能是 true 或 false。

Pascal 语言系统将 true 和 false 的序号定为 1 和 0，可以看出 true 要大于 false，即：false<true。

（3）关系表达式

关系表达式是由关系运算符连接而成的表示变量关系的式子，表达运算符前后数据之间的大小关系。Pascal 语言中的关系运算符共有 6 个，见表 4-1。经过关系运算得到的值的数据类型是布尔型。关系运算对数据的比较则是按照其序号大小关系来进行比较的，如：'x'<'y'的运算结果为 true。

表 4-1　关系运算符表

运算符	运算	运算对象	结果类型
=	等于	简单类型	布尔型
<>	不等于	简单类型	布尔型
<	小于	简单类型	布尔型
>	大于	简单类型	布尔型
<=	小于等于	简单类型	布尔型
>=	大于等于	简单类型	布尔型

（4）逻辑运算

评定三好学生的标准是"三好"，即：学习好、身体好和思想好。在用计算机语言表达此条件时就需要用到逻辑运算：学习好 and 身体好 and 思想好。逻辑运算主要有三个运算符：not（非）、and（与）、or（或）。由一个逻辑运算符将两个类型相同且有序的关系表达式联结起来的式子，称为逻辑表达式或布尔表达式。通常表达较为复杂的条件。

逻辑运算"真值表"见表 4-2（表中用 1 和 0 分别表示 true 和 false）。

表 4-2　真值表

a	b	not a	not b	a and b	a or b
1	1	0	0	1	1
1	0	0	1	0	1
0	1	1	0	0	1
0	0	1	1	0	0

逻辑运算符的运算次序为：not、and、or。下面是逻辑运算符和关系运算符在布尔表达式中的运算次序：

括号 → 函数、not → *、/、div、mod、and → +、-、or → >、=、<、>=、<=、<>

考虑到优先关系的复杂性，Pascal 语言规定在进行逻辑运算时，如果操作数本身是一个布尔表达式，则必须用括号将其括起来，例如：（a<5）and（b>=0）。否则将可能造成逻辑错误。

○ 4.2　条件（if）语句

Pascal 语言选择结构可以通过两种语句实现，它们是 if 语句（条件语句）和 case 语句（分情况语句）。在编写程序时可以根据条件判断有选择地执行两种或多种情况中的某一种。这一节介绍 if 语句的一般格式及其使用规则。

if 语句的一般形式：

格式1　if 条件 then 语句
　　　例如：if x>y then writeln('y=',y);
格式2　if 条件 then 语句1　else　语句2

例如：if x>y then writeln('y=',y)

                      else writeln('x=',x);

说明：

① 两种格式的 if 语句中，if 后面都有"条件"，条件一般为逻辑表达式或关系表达式。

② 格式 1 的执行过程如图 4-1（a）所示，若条件表达式为真，则执行 then 后面的语句，如果条件为假，将执行 if 语句的下一条语句。

③ 格式 2 的执行过程如图 4-1（b）所示，若条件表达式为真，则执行 then 后面的语句 1；否则执行 else 后面的语句 2，然后执行 if 语句后的其他语句。

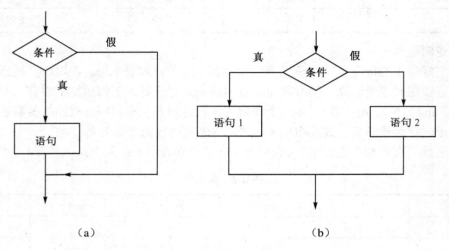

图 4-1　if 语句结构

（a）格式 1；（b）格式 2

④ if 语句是典型的二分支语句，两分支分别为 then 后面的语句 1 和 else 后的语句 2，而格式 1 则是格式 2 的 else 的缺省形式。我们可以把整个 if 语句看做一条语句模块，作为整体该语句末尾加一分号。注意在 else 前的语句末端不能有分号。

⑤ if 语句中的语句 1 或语句 2 可以是任意语句，即它们可以是单个语句如 a：=10；也可以是复合语句。复合语句是用 **begin** 和 **end** 包括起来的多条语句，其格式如下：

        begin

          语句 1；

          语句 2；

            ⋮

          语句 n；

        end

例 4-1　输入两个整数，输出其中较大者。

分析：此例将用到 if 语句中的格式 2。

程序如下：

        program p4_1(input,output);

```
var
  x,y: integer;
begin
  write('Please input x,y: ');
  readln(x,y);
  if  x>y  then  writeln('x=',x)
              else  writeln('y=',y);
end.
```

运行：Please input x,y: 1 2√
  2

例4-2 某超市要根据两种货物 *a* 和 *b* 的库存情况指定进货顺序,原则是库存少的具有优先进货权,请编写相应的程序。

分析：由键盘输入货物 *a* 和 *b* 的数量, *a* 和 *b* 的大小关系只有两种 *a* 大或 *b* 大,那么如果 *b* 大输出语句将是 writeln ('（1）a'); writeln ('（2）b');,否则将是 writeln ('（1）b'); writeln ('（2）a');即输出 *a* 和 *b* 的先后次序不同。这里将利用 if 语句和复合语句。

程序如下：

```
program p4_2(input,output);
  var
    a,b: integer;
begin
  readln(a,b);
  if  a<b  then
          begin
            writeln('(1) a');        复合语句
            writeln('(2) b')
          end
        else
          begin
            writeln('(1) b');        复合语句
            writeln('(2) a')
          end;
  end.
```

运行：23 34√
  （1）a
  （2）b

注意：此例中的每个复合语句包括了两条语句,其中第二条语句后的分号可以省略（end 前与之相邻的语句可不加分号）,注意第一个复合语句的 end 后没有任何标记符号,原因是如果这个 end 后有分号,则 if 语句就会就此结束,else 后的语句部分则被排斥到 if 语句之外;若 end 后加 "." 则表示整个主程序的结束,会引起严重错误。在编写程序时应注意查看 else

之前不能有分号，这样可以帮助我们避免出现逻辑错误。

一个程序根据需要可以包含多个 if 语句，它们可以组成一个顺序结构以实现特定要求。请看下面例题：

例 4-3　任意输入 3 个数 x、y 和 z，按由大到小的顺序输出。

分析：这道题是解决 3 个数的排序问题。假设把大数赋予变量 x，次者赋予 y，小数赋予 z。分三个步骤进行：①如果 x 比 y 要小，则两者进行数据交换，即将较大值赋给变量 x，并将较小值赋给变量 y；②如果 x 小于 z，则两者利用进行交换将较大值赋给变量 x；③如果 y 小于 z，则两者进行交换将次大值赋给 y，排序工作完成。为了实现数据交换还要定义中间变量 t。

程序如下：

```pascal
program p4_3;
  var
    x,y,z,t: integer;
  begin
    write('Please input x,y,z: ');
    readln(x,y,z);
    if  x<y  then
            begin
              t: =x;  x: =y;  y: =t;
            end;
     if  x<z  then
            begin
              t: =x;  x: =z;  z: =t;
            end;
    if  y<z  then
            begin
              t: =y;  y: =z;  z: =t;
            end;
    writeln(x, y: 4,z: 4);
  end.
```

运行: Please input x,y,z: 12 33 45↙
45 33 12

4.3　if 语句的嵌套

if 语句中的 then 后的语句 1 和 else 后的语句 2 原则上可以是任意语句，当语句 1 或语句 2 是 if 语句时称之为 if 语句的嵌套。利用 if 语句的嵌套可以帮助解决较为复杂的多重分支问题。例如在本章开头中提到的旅游前选择出游方式，选择了乘坐飞机后还要选择乘哪次航班的问题。

嵌套的一般格式：

```
if 条件 1
  then
   if 条件 2
      then 语句 21        ⎫
      else  语句 22        ⎬ 内嵌 if 语句
  else
   if 条件 3
      then 语句 31        ⎫
      else  语句 32；      ⎬ 内嵌 if 语句
```

在进行 if 语句的嵌套时应注意 if 与 else 的配对关系，else 是不能省略的，否则将造成逻辑错误。解决的办法是写一个空语句或者采用复合语句，即增加语句括号（begin…end）。从内层开始，else 总是与它上面最近的（未曾配对的）if 配对，例如下面形式：

```
       if 条件 1                       ………①
       then                           ………②
        if 条件 2                      ………③
           then 语句 21                ………④
       else                           ………⑤
        if 条件 3                      ………⑥
           then 语句 31                ………⑦
           else  语句 32；             ………⑧
```

程序编写者的本来意图是实现如图 4-2 所示的选择结构，把第⑤行的 else 与第①行的 if（外层）写在同一列上，希望 else 与第一个 if 对应，但实际上 else 是与第③的 if 配对，因为它们相距最近。而第⑧行的 else 与第⑥行的 if 相对应，因此程序实际结构如图 4-3 所示。

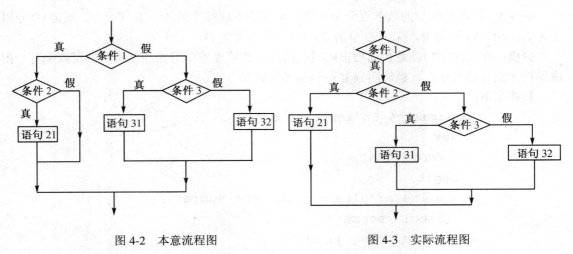

图 4-2　本意流程图　　　　　　　　　　图 4-3　实际流程图

例 **4-4**　有一个函数的表达式为：

$$y = \begin{cases} -1 & x < 0, \\ 0 & x = 0, \\ 1 & x > 0. \end{cases}$$

编写程序，输入 x 值，输出 y 的值。

分析：此函数值 y 只有三种情况 1、0 或–1，而 y 的值取决于 x 的值与 0 的关系，如果 x<0，则 y = –1；如果 x=0，那么 y=0；否则 y=1。

程序如下：

```pascal
program p4_4 (input,output);
  var
    x: real;
    y: integer;
  begin
    write('please input x=');
    readln(x);
    if x<0
      then y:=-1
      else
        if x>0
          then y:=1
          else y:=0;
    writeln('y=',y);
  end.
```

运行：please input x=13✓

y=1

例 **4-5**　输入某同学的数学百分制成绩，要求输出成绩等级 A、B、C、D。规定 90 分以上为 A，80～89 分为 B，60～79 分为 C，60 分以下者为 D。

分析：此程序的功能是自动划出成绩的档次，在第 5 章学习循环结构后就可以编写一批成绩档次划分的程序。此题将用到 if 语句的多层嵌套。

程序如下：

```pascal
program p4_5a(input,output);
  var
    score:real;
  begin
    writeln('please input the score:');
    readln(score);
    write('deng ji shi:');
    if score>=90
```

```
          then writeln('A')
          else
            if score>=80
              then writeln('B')
              else
                if score>=60
                  then writeln('C')
                  else writeln('D');
    end.
```

说明：实型变量 score 为成绩，程序首先将成绩分成两种情况，即 90 分以上（包括 90 分）和 90 分以下。如果成绩是 90 分以上则输出成绩等级 'A'，否则在对 90 分以下的成绩进行判断。如果成绩是 80 分以上则输出成绩等级 'B'，否则在对 80 分以下的成绩再次进行判断。如果成绩是 60 分以上则输出成绩等级 'C'，否则成绩等级为 D。

运行：

```
          please input the score: 88✓
          deng ji shi : B
```

（1）如果运行后输入： 156✓

    输出：deng ji shi : A

（2）如果运行后输入： -123✓

    输出：deng ji shi : D

题目中要求输入的是百分制成绩，而后面的两次输入超出了百分制范围（0～100），分别是 156 和–123。而当输入 156 后，程序运行到 if score>=90 时，经判断 156 大于 90 则会运行 then writeln（'A'）并结束 if 语句，结束整个程序的运行，这样就出现了 156 的等级是 A 的情况。当输入成绩–123 后程序运行到第三层嵌套的 if 语句 if score>=60 后，执行 else writeln（'D'）造成的。此例提示我们在编写程序时一定要注意一些意外情况，使程序在遇到意外情况时能够对其进行处理，即进行容错处理。这在编写程序中尤其是一些大型程序中是十分重要的。

考虑容错处理后的程序如下：

```
program p4_5b(input,output);
  var
    score: real;
  begin
    writeln('please input the score:');
    readln(score);
    write('deng ji shi:');
    if score>100
      then writeln('ni shu ru de cheng ji da yu 100')
      else
        if score>=90
          then writeln('A')
```

```
        else
          if score>=80
              then writeln('B')
               else
                 if score>=60
                     then writeln('C')
                     else
                        if score>=0
                            then writeln('D')
                            else writeln('cheng ji xiao yu 0');
    end.
```

以上程序经过多次嵌套解决了容错问题，当输入的成绩错误时，程序将进行提示。运行结果为：

(1)   please input the score: 156✓
        ni shu ru de cheng ji da yu 100

(2)   please input the score: -123✓
        cheng ji xiao yu 0

4.4 分情况（case）语句

case 语句是多分支选择语句。if 语句只有两个分支可供选择，而实际问题中常常需要用到多分支选择结构。例如，学生成绩分类（90 分以上为 A）；人口统计分类（按年龄分为老、中、青、少、幼）；工资统计分类；银行存款分类等。当然这些都可以用 if 语句的嵌套形式来实现，但如果分支较多，则嵌套的 if 语句层数太多，程序冗长而降低了可读性，也给修改带来了极大的困难。Pascal 语言提供了 case 语句可直接处理多分支选择，它实现了在几个可供选择的条件中的转向控制。

case 语句的一般形式如下：

```
case 表达式 of
    常数表 1：语句 1；
    常数表 2：语句 2；
    常数表 3：语句 3；
         ⋮  :  ⋮
    常数表 n：语句 n；
  else 语句 n+1；
 end；
```

说明：

① case 的英文意义有"情况"、"情形"之意，我们可以这样理解 case 语句：当表达式的值与常数表中某一值相匹配，则执行其后面的相应语句；如果常数表中没有与表达式相匹配的常数，则执行 else 后面的相应语句。

54

② else 可以省略，此时若无表达式的值与之相匹配的常数表时程序将向下运行并跳出 case 语句。

③ 保留字 end 与保留字 case 成对出现，这个 end 表示 case 语句的结束。

④ 表达式的类型通常是整型与字符型，也可以是今后将要学习的枚举型和子界型。

⑤ 常数表是一个或一组常量，其类型与表达式类型一致，常数表行的次序是任意的，不一定要按从小到大或从大到小的次序排列。通常把可能性大的常数表列于前面，以加快程序运行的速度。

例 4-6 设计一个简单的计算器，具有加、减、乘、除功能。

分析：可以通过键盘输入两个要计算的数和运算符号，然后利用 case 语句功能根据输入的算术运算符（+、–、∗、/）分四种情况进行处理。

程序如下：

```pascal
program p4_6 (input,output);
  var
    x,y,s: real;
    ch: char;
  begin
    writeln('input x,y,ch: ');
    readln(x,y);
    readln(ch);
    case ch of
      '+': s:=x+y;
      '-': s:=x-y;
      '*': s:=x*y;
      '/': s:=x/y;
    end;
    writeln(x: 8: 2,ch,y: 8: 2,'=',s: 8: 3)
  end.
```

运行：input x, y, ch : 122 33✓

　　　/

　　　122.00/　33.00=　3.697

程序运行时，读入两个数值和运算符，先将其值分别赋给实型变量 x、y 和字符型变量 ch。之后程序运行到 case 语句时，计算表达式 ch 的值为"/"，然后在下面的常数列表中找到与之相匹配的"/"就去执行其后面的语句：s:=x/y，即进行除运算得出最终结果。

例 4-7 根据学生的成绩给予相应的分数等级，对应关系如下：

90～100　A；　80～89　B；　60～79　C；　60 分以下 D。

分析：例 4-5 的程序用的是 if 语句的嵌套，下面将用 case 语句编程。成绩共分为四个等级，为了划分等级，需要对分数段进行处理：score div 10，然后根据成绩的高位（十位、百位）部分来判断其成绩等级，如：90 分十位部分是 9，等级是 A。

程序如下：

```pascal
program p4_7 (input,output);
  var
    score: integer;
    ch: char;
  begin
    write('input the score: ');
    readln(score);
    if (score>0) and (score<=100)
      then case score div 10 of
              10,9 : ch: ='A';
              8    : ch: ='B';
              7,6  : ch: ='C';
                else ch: ='D';
           end;
    writeln(score, '-->',ch);
end.
```

运行: input the score: 88↙

　88-->B

习题 4

1. 什么是算术运算？什么是关系运算？什么是逻辑运算？

2. Pascal 语言中如何表示逻辑运算值的"真"和"假"？系统如何判断一个布尔量的"真"与"假"？

3. 由键盘输入英文字母，编写程序判断其是否是大写字母？

4. 编写一程序控制数字 4 和 5 的输出顺序，当输入是 1 时按从小到大输出，输入为 0 时则按从大到小的顺序输出。

5. 输入一整型数字，编写程序判断是否大于 10。

6. 求方程 $ax^2+bx+c=0$ 的解。

7. 输入年、月，输出该月的天数。（练习 case 语句）

8. 阅读程序写出结果。

（1）
```pascal
program ex4-1;
  var
    num1, num2: integer;
  begin
    write('Please enter the first integer: ');
    readln(num1);
    write('Please enter the second integer: ');
    readln(num2);
```

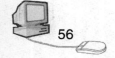

```pascal
        if (num1 > num2)
            then writeln(num1, '>', num2)
            else if (num1 = num2)
                    then writeln(num1, '=', num2)
                    else writeln(num1, '<', num2);
    end.
```
输入: 45 ✓
88 ✓
输出:
输入: 33 ✓
22 ✓
输出:

（2）
```pascal
program ex4-2 (input,output);
    var
        a, b, c, d, sum: longint;
    begin
     read (a, b, c, d);
     a := a mod 23;  b := b mod 28;  c := c mod 33 ;
     sum := a* 5544 + b*14421 + c*1288 - d;
     sum := sum + 21252;  sum := sum mod 21252;
     if (sum = 0) then sum := 21252;
     writeln(sum);
    end.
```
输入: 283 102 23 320 ✓
输出:

（3）
```pascal
program ex4-3 (input,output);
    var
        a,b: integer;
    begin
     read(a,b);
     case a of
            1:  b:=a*10;
            2:  b:=a*20;
            3:  b:=a*30;
            4:  b:=a*40;
            5:  b:=a*50;
        else b:=0
     end;
      writeln(b)
```

```
    end.
```
输入：3 4 ✓
输出：
输入：8 5✓
输出：

习题 4 参考答案

1. 算术运算是数学中常用的求值运算，如：加、减、乘、除、平方、开方等。关系运算是逻辑运算中比较简单的一种，实际上是"比较运算"，将两个值进行比较，判断比较的结果是否符合给定的条件。逻辑运算是用逻辑运算符（not、and、or）将关系表达式或逻辑量连接起来进行的一种运算，其结果只有"真"和"假"。

2. Pascal 语言中用 true 表示"真"，用 false 表示"假"，系统判断一个量的"真"与"假"都是通过布尔量的值：1 为"真"，则 0 为"假"。

3. 参照 ASCII 表，大写英文字母 A 到 Z 的范围是 65～90，所以判断字符是否是大写英文字母就要看其 ASCII 值是否在相应的范围内。现提供两个参考程序：

（1）
```pascal
program ex4-4a (input,output);
    var
      zifu: char;
    begin
    write('please input a char: ');
    readln(zifu);
    if (ord(zifu)>=65)and(ord(zifu)<=90)
      then writeln('daxie zifu');
    end.
```

（2）
```pascal
program ex4-4b (input,output);
    var
      zifu: char;
    begin
    write('please input a char: ');
    readln(zifu);
    if (ord(zifu)>=65)
      then if  (ord(zifu)<=90)
              then writeln('daxie zifu');
    end.
```

4. 程序如下：
```pascal
program ex4-5 (input,output);
     var
       x: integer;
```

```
begin
    write('shu ru 1 huo 0: ');
    readln(x);
    if (x=1)
        then begin
                writeln('4');
                writeln('5')
            end
    else
      if (x=0)
        then begin
                writeln('5');
                writeln('4')
            end;
end.
```

5. 程序如下：

```
program ex4-6 (input,output);
    var
        x: integer;
    begin
        write('Please input a number:');
        readln(x);
        if (x>10)
            then writeln('x>10')
            else writeln('x<10')
        end.
```

6. 一元二次方程的系数 *a*、*b*、*c* 决定了方程有无实数解，并确定了实数解 *x*1 和 *x*2。当判别式 $b^2-4ac<0$ 时无实数解，当 $b^2-4ac\geqslant0$ 时有实数解。

程序如下：

```
program ex4-7 (inpup,output);
    var
        x1,x2,a,b,c,d: real;
    begin
        write('Please input a,b,c: ');
        readln(a,b,c);
        d:=b*b-4*a*c;
        if d>0
            then begin
                    x1 :=(-b+sqrt(d))/2/a;
```

```
                    x2  :=(-b-sqrt(d))/2/a;
                    writeln(x1,x2)
                 end
            else
               if d=0
                 then write('x1=x2',-b/2/a)
                 else writeln('no real roots');
          end.
```

7. 闰年的二月有 29 天，而平年二月为 28 天。判断某年是否是闰年只要满足下列条件之一即可：

（1）年数能被 4 整除，并且不能被 100 整除；

（2）年数能被 400 整除。

用求余数的运算（mod）求出余数，如果两数相除余数为 0，则为整除，否则不能整除。

程序如下：

```
program ex4-8 (input,output);
  var
    year,month,days: integer;
  begin
    read(year,month);
    case month of
        1,3,5,7,8,10,12: days :=31;
        4,6,9,11        : days :=30;
        2               : if (year mod 4=0) and (year mod 100<>0)
                             or (year mod 400=0)
                             then days :=29
                             else days :=28
    end;
    writeln('year=',year,'month=',month,'days=',days)
  end.
```

8.（1）45<88；33>22。

（2）8910

（3）90；0

第5章 循环结构的程序设计

在生活中往往会遇到这样的事情：统计一所学校中所有学生的考试成绩，包括：语文、数学、英语、信息技术、体育等科目；进行人口普查，需要登记每个人的姓名、性别、年龄、籍贯、职业等信息。这样的工作有一个共同的特性，即重复性。

在程序设计中，如果用顺序结构语句来解决这种带有重复性的问题，编写出来的程序往往很长，效率较低。这时如果使用"循环结构"来设计程序，问题就迎刃而解了。

实现循环的程序结构称为循环结构，它是程序设计的三种基本结构之一（其他两种是顺序结构和选择结构）。这里的循环是一种有规律的重复，即对同一程序段重复执行若干次，被重复执行的部分称为循环体。在循环结构中，由于同一程序段可以被多次重复执行，因而它使程序变得简化和高效。

Pascal 语言中用来实现循环结构程序设计的语句非常丰富，可分为：计数循环（for/to/do）语句、当型循环（while/do）语句和直到型循环（repeat/until）语句。

5.1 计数循环（for/to/do）语句

如果我们需要完成一个重复性工作，重复的次数已知。这时，用计数循环来实现最为恰当。

计数循环语句的格式：

格式1

for 控制变量 := 初值 to 终值 do 循环体；

格式2

for 控制变量 := 初值 downto 终值 do 循环体；

比较这两种格式发现，二者的区别在于格式1用了to，而格式2用了downto。格式1称为"递增型"计数循环语句，其初值要小于或等于终值，循环才可以进行；格式2称为"递减型"计数循环语句，其初值要大于或等于终值，循环才能进行。

计数循环语句的执行过程：

① 先将初值赋给控制变量；

② 比较控制变量的值与终值的大小，如果控制变量的值小于（大于）终值，则转到步骤（3）执行；如果控制变量的值等于终值，则执行一遍循环体，结束循环；开始执行下面的语句；

③ 执行循环体中的语句；

④ 将控制变量的后继（前驱）值赋给控制变量；

⑤ 返回执行步骤（2）。

请看下面程序段的执行过程：

j :=0

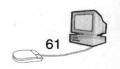

61

```
for k :=3 to 7 do
  j := j + k;
write('j=' : 8, j);
```

执行 for 语句时，先将初值 3 赋给控制变量 k，然后比较 k 值 3 和终值 7 的大小，结果为"小于"，符合循环条件，执行循环体语句 j:=j+k，执行结果为 j=3；这时 k 值增加 1，变为 k=4，仍小于终值 7，再次执行循环体……重复这个过程，直到第四次循环结束后，k 值等于终值 7，执行最后一遍循环体。然后停止循环，开始执行下面的 write(j)语句。

输出结果为：j = 25

注意：标准 Pascal 规定，在脱离循环后，控制变量的值已无定义，一般不再引用。但有的系统仍使它保持某一特定的值，为使程序具有通用性，在程序结束后不要引用循环变量的值，除非再对它重新赋值。

说明：

① 控制变量必须为顺序类型，如整型、字符型以及枚举型和子界型。但不能为实型。例如：

```
for i :=1.5 to 3.5 do
    write(i);
```

是不正确的。

② 对于控制变量的"递增"或"递减"的变化规律是：递增按 $succ(x)$（后继）函数规律变化；递减按 $pred(x)$（前驱）函数规律变化。当控制变量为整形时，后继函数为原值加 1，如：$succ(2)=3$；前驱函数为原值减 1，如：$pred(2)=1$。当控制变量为字符型时，则按 ASCII 码表的顺序计算，如：'b' 的前驱是 'a'，后继是'c'。

例如：

```
for  i := 'a' to 'd' do
    write(i);
```

执行结果为打印出 abcd 。

③ 循环体可以是一个语句，也可以是多个语句。如果是多个语句，要用 begin 和 end 括起来，构成一个复合语句，例如：

```
for i :=1 to 10 do
  begin
    k :=k+1;
    write(k)
  end;
```

注意：关于分号的用法，Pascal 语言要求在语句之间要用分号隔开，其他地方不用。在上面这个复合语句中，两个语句间用分号隔开，而第二个语句和 end 之间不用分号，因为"end"不是语句。在 Pascal 2.40 中，由于容错性的提高，end 前用分号也不算错。但还是应该养成规范编程的好习惯。

④ 控制变量不得在循环体内再被赋值，例如：

```
for i :=1 to 10 do
    i :=5;
```

是不正确的。

⑤ for 语句中，初值和终值决定循环次数，并且在开始重复之前就已确定，在重复执行过程中，其值不受影响。请看下面的例子：

例 5-1 循环输出。

程序如下：

```pascal
program p5_1(input, output);
var
    a,b,i: integer;
begin
    a :=1; b :=4;
    for i :=a to b do
       begin
          a :=3; b :=5;
          write(i: 3)
       end
end.
```

执行结果： 1　2　3　4

执行程序的 for 语句时，初值 a=1， 终值 b=4 已经确定，则循环次数也已确定为 4 次。虽然在执行循环体时，a、b 又被赋了新值 3、5，但这并不影响循环的次数。

注意：尽管以上程序不算错，但应尽量避免在循环体内改变初值和终值，以提高程序的"易读性"。

⑥ 当初值"超过"（所谓"超过"，在递增型计数循环里指的是"大于"；在递减型里指的是"小于"）终值时，不执行循环体，循环的次数为 0 次。例如：

```pascal
    i,j:=0;
    for i :=9 to 1 do
       j:=j+i;
    writeln('i=',i);
    writeln('j=',j);
```

执行结果：i=9
　　　　　j=0

执行 for 语句时，由于控制变量 i 的初值 9 大于终值 1，因而循环体语句不能被执行，而是直接执行后面的两个输出语句。

例 5-2 计算 $1+2+3+4+ \cdots +100$ 之和。

分析：以上算式是一个重复执行"加"运算的过程，实现的方法是用一个初值为 0 的变量依次累加各个加数，因而这种方法称为"累加"。

程序如下：

```pascal
program p5_2(input,output);
var
    i,sum: integer;
```

```
begin
    sum :=0;
    for i :=1 to 100 do
        sum :=sum+I;        {累加}
    writeln('sum=',sum)
end.
```

执行过程：

先将求和变量 sum 赋初值 0，进入计数循环 for 语句中，将初值 1 赋给控制变量 i，并比较 i 和终值 100 的大小，i 值小于终值，执行循环体语句，执行结果：sum=1；然后 i 值增加 1，即 i=2，再和终值比较，仍然小于终值。故再次执行循环体，执行结果为 sum=1+2=3，重复这个过程直到 i 值变为 100，这时 i 值等于终值，故执行最后一遍循环体后停止循环。然后执行打印语句，将结果输出到屏幕。i 值和 sum 值变化过程如下：

控制变量 i	求和变量 sum
1	1=0+1
2=1+1	3=1+2
3=2+1	6=3+3
4=3+1	10=6+4
5=4+1	15=10+5
⋮	⋮
100=99+1	5050=4950+100

例 5-3 求 $n!$ 的值。

分析：$n! = n(n-1)(n-2)\cdots 2 \cdot 1$，这是一个阶乘表达式，通过拆解发现有如下规律：

$n!=n(n-1)!$

　　$=n(n-1)(n-2)!$

　　$= n(n-1)(n-2)(n-3)!$

　　　　　⋮

　　$=n(n-1)(n-2)\cdots 2 \cdot 1!$

即：$2!=2 \cdot 1!$

　　$3!=3 \cdot 2!$

　　$4!=4 \cdot 3!$

　　　⋮

可以发现在这个求值过程当中，后一个数的阶乘值等于该数乘以前一个数的阶乘值，即后一个数对前一个数有某种依赖关系。为了求 5!，应先知道 4!的值，然后再乘以 5；为了求 6!，必先求出 5!。这就是递推关系。求 $n!$转化为求算式 $1 \cdot 2 \cdot 3 \cdot 4 \cdots (n-2)(n-1)n$，在程序中用循环来求这个乘积多项式，将乘数从大到小排列，每次循环累乘一个因数，这种方法叫"累乘"。累乘变量的初值一般应为 1。

程序如下：

```
program p5_3(input,output);
var
```

```
        x: real;
        n,i: integer;
begin
        Write('Please input n: ');
        Read(n);
        x :=1;      {累乘变量 x 赋初值为 1}
        if(n<0)
          then writeln('Your input error')
          else begin
                  for i :=n downto 1 do
                      x :=x*i;     {累乘}
                       write(n: 3,'!=', x)
              end
end.
```

程序说明：

① 一般阶乘值是一个比较大的数，所以将用来存储结果的变量 x 定义为实型（也可定义为整型，但其值不能超过 Pascal 语言允许的整数范围）。

② 找出这种递推关系后，就可由循环来处理，一个个乘数相继参与乘法运算，在程序中用同一个变量 x 来存放每一次乘出来的积。每次循环都执行同一个语句体 x :=x*i，给同一变量 x 赋以新的值，即不断用一个新值代替旧值。这种方法称为"迭代"（iteration），程序中 x 称为迭代变量（例 5-2 中的 sum：=sum+i 语句也是迭代法，sum 是迭代变量）。

注意：用计算机解题时，往往把递推问题表现为迭代形式，并用循环语句进行处理。迭代是计算机解题中使用十分广泛的一种方法，数值计算算法的一个基本特点就是迭代。读者应熟悉怎样将一个递推问题写成迭代形式。由于计算机运算速度快，执行循环时可充分发挥计算机的特长，使问题的复杂性大大降低。

例 5-4 猴子吃桃问题。猴子第一天摘下若干个桃子，当即吃了一半，还不过瘾，又多吃了一个。第二天又将剩下的桃子吃掉一半，又多吃了一个。以后每天都吃了前一天剩下的一半零一个。到第 10 天，只剩下一个桃子了。试求第一天共摘多少桃子？

分析：解决这类问题，一般采用"倒推"法，从第 10 天的数量推出第 9 天的数量……，一直推出最初的值。本例用变量 x 存放每天的桃子数。

程序如下：

```
program p5_4(input,output);
var
        j,x: integer;
begin
        x: =1; {第 10 天的桃子数为 1}
        for j: =9 downto 1 do
          x: =(x+1)*2;   {前一天的数等于后一天的数加上 1 再乘以 2}
        write('The number is: ',x)
```

```
end.
```
运行结果：The number is: 1534

5.2 当型循环（while/do）语句

当型循环（while/do）语句是这样组织循环工作的：当一定条件满足时才执行循环体，条件不满足时，停止循环。

当型循环的格式： while 布尔表达式 do 循环体；

通过分析 while 语句的格式发现：当型循环的特点是先判断（布尔表达式），后执行（循环体）。例如：

```
i:=1;  s:=0;
while i<10 do
    begin
        s:=i+s;
        i:=i+1
    end;
```

当型循环语句的执行过程：

① 判断布尔表达式的值，如果其值为真，执行步骤（2），否则执行步骤（4）；

② 执行循环体；

③ 返回步骤（1）；

④ 结束循环，执行下一语句。

说明：

① 为了使 while 循环正常终止，在循环体内一定要有改变布尔表达式值的语句，以使布尔值有可能为假，从而结束循环。否则将会导致循环无法结束的"死循环"状态。

② 循环体是多个语句时，需用 begin 和 end 将它们括起来形成一条复合语句。

③ 如果循环开始时，布尔表达式就为假，则不执行循环体，直接退出 while 语句，向下运行。

例 5-5 输入若干字符，以"$"作为终止符号，计算输入字符的个数。

分析： 当读入的字符不是"$"时，执行循环体，循环体里设一个"累加"语句，用来计算输入字符的个数。

程序如下：

```
  program p5_5(input,output);
var
    ch: char;
    i: integer;
begin
    i :=0;
    read(ch);
    while ch<>'$' do
```

```
begin
    i :=i+1;          {累加}
    read(ch)
end;
    writeln('i=',i)
end.
```

程序中设了两个 read 语句，其中 while 语句前的 read 语句的作用是给变量 ch 中读入第一个字符；而循环体中的 read 语句则是从第二个字符开始，在每次循环的时候都读入一个字符。需要注意的是："回车"本身也是字符。如果在输入 "$" 前按了 "回车" 键，那么 "回车" 符也被当作字符处理，并且一个 "回车" 符计作两个字符。

例 5-6 求两个数的最小公倍数。

分析：设这两个数分别是 m 和 n，另设一个整型变量 i，则 $m*i$ 就是 m 的 i 倍。令 i 从 1 向 n 变化，每次增加 1。在此过程中，当 $m*i$ 能被 n 整除时，$m*i$ 即为所求。

程序如下：

```
program p5_6(input, output);
var
m,n,i,s: integer;
begin
    write('Please input two numbers: ');
    readln(m,n);
    i :=1;
    s :=m*i;
    while s mod n <>0 do {结束循环时，s 恰能被 m, n 整除}
        begin
            i :=i+1; {i 递增 1}
            s :=m*i{s 中存放 m 的 i 倍值}
        end;
    writeln('The number is: ',s)
end.
```

程序中的 s mod n 是求模运算表达式，作用是判断 s 能否被 n 整除。如能整除，则表达式值为 0；不能整除，则表达式的值为余数。

例 5-7 利用公式 $\pi/4=1-1/3+1/5-1/7+\cdots$，求 π 的值，要求精确到最后一项小于 10^{-4} 为止。

分析：将原公式稍作改动为：$\pi/4=1/1-1/3+1/5-1/7+\cdots$。可发现两个规律，其一，分母作 1、3、5、7 递增变化；其二，多项式的每一项的分子都是 1，且正负相隔。

程序如下：

```
program p5_7(input,output);
var
    n,s: integer;
    t,pi: real;
```

```
begin
    t :=1;
    pi :=0;      {求和变量赋值为 0}
    n :=1;       {首项分母赋为 1}
    s :=1;       {首项分子赋为 1}
    while abs(t)>=1e-4 do
        begin
            pi :=pi+t;
            n :=n+2;
            s :=-s;      {正负相隔}
            t :=s/n      {从第二项开始构造各个加数}
        end;
    pi :=pi*4;           {计算 π 值}
    writeln('pi=',pi: 10: 6)
end.
```

运行结果：

pi= 3.141393

程序说明：

① 程序中用变量 t 存放各加数项（从第二项开始的各加数项都通过构造得到，每循环一次构造一项）；pi 为求和变量，用来存放各项的"累加"和；s 用来存正负 1，每循环一次 s 改变一次符号；

② 1e–4 是科学计数法形式，$1e-4=10^{-4}$；

③ 每次执行循环体之前都要先判断布尔表达式的值，但并不是当 t 的值小于 10^{-4} 就立即停止循环，而是执行完循环体全部语句后，在执行下一次循环之前结束循环。

● 5.3　直到型循环（repeat/until）语句

Pascal 语言的第三种循环语句是 repeat/until 语句。其含义是"重复执行循环体，直到指定的条件满足时停止"。

直到型循环语句的格式：

repeat

语句 1；

语句 2；

　　⋮

语句 n

until 布尔表达式；

其特点是：先执行（循环体），后判断（布尔表达式）。

直到型循环语句执行过程：

先执行循环体，再判断布尔表达式（每执行一遍，都判断一次）。布尔表达式值为"假"

时，继续执行循环体；布尔表达式值为 "真" 时，结束直到型循环，执行下条语句。

说明：

将 while 语句和 repeat 语句作比较，见表 5-1。

表 5-1　While 语句与 repeat 语句的比较

While 语句	repeat 语句
先判断条件，后执行循环体	先执行循环体，后判断条件
当条件成立时重复执行	当条件不成立时重复执行
当条件一开始就不成立时，则不执行循环体	无论条件是否成立，至少执行一次循环体语句
循环体是多条件语句时，要用 begin 和 end 括起来	指定语句是多条件语句时，无需用 begin 和 end 括起来

注意：repeat/until 是一个整体，它是一个语句（构造型语句）。在这个语句中可以包含若干个语句。不要误认为 repeat 是一个语句，until 是另一个语句，因此，until 前的语句后面不用分号。

例 5-8　用 repeat 语句实现例 5-7。

程序如下：

```
program p5_8(input,output);
var
    n,s: integer;
    t,pi: real;
begin
    t :=1; pi :=0;
    n :=1;  s :=1;
    repeat
        pi :=pi+t;
        n :=n+2;
        s :=-s;
        t :=s/n
    until  abs(t)<1e-4;
    pi :=pi*4;
    writeln('pi=',pi: 10: 6)
end.
```

比较例 5-7 和例 5-8，注意到实现相同效果时，while 后的条件为 abs(t)>=10^{-4}，而 until 后面的条件是 abs(t) <10^{-4}，二者正好相反。

5.4　多重循环

如果一个循环语句的循环体部分又包含有循环语句，这就构成了循环语句的嵌套。嵌套

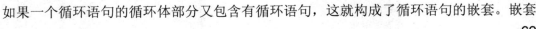

着的每一个循环语句称为一层。处于较外层叫外循环，处于较内层的叫内循环。有两层嵌套的称为双重循环，有三层嵌套的叫三重循环，以此类推。循环语句的嵌套一般都有 for 语句参与。有 for 语句间的嵌套，也有 for 语句与其他两个循环语句的嵌套。另两个语句之间很少嵌套。下面以一个例题来说明嵌套循环的执行过程。

例 5-9　请打印输出如下的图形。

```
   *    *******
  ***    *****
 *****    ***
*******    *
```

分析：将上面的图形分成两部分，一正一反两个三角形，两个三角形之间用空格隔开。编程时用一个二重计数循环语句来实现。外层循环控制行变化，内层循环控制每一行的输出。

程序如下：

```pascal
program p5_9(input,output);
var
    j,k: integer;
begin
    for j :=1 to 4 do      {外层循环，控制行输出}
     begin
        for k :=1 to 4-j do        {输出每行左边的空格}
          write(' ');
        for k :=1 to 2*j-1 do      {输出第一个三角形}
          write('*');
        write('   ');               {输出三角形之间的空格}
        for k :=9-2*j downto 1 do   {输出第二个三角形}
          write('*');
        writeln
     end
end.
```

程序说明：

① 本程序共用了 4 个 for 语句，但本质上却是一个二重循环。因为第 2 至 4 个 for 语句是并列关系，它们和第一个语句之间才是嵌套关系，因而是一个二重循环。

② 外层计数循环控制行输出，内层循环控制输出图形。

③ 内层的三个计数循环的控制变量都是 k，由于是并列关系，所以不会相互影响。

下面再看一个输出乘法表的例子。

例 5-10　按三角形格式输出乘法表。

程序如下：

```pascal
program p5_10(input,output);
var
    i,j: integer;
```

```
begin
    for i :=1 to 9 do        {外层循环, 控制行输出}
      begin
        for j :=1 to i do      {内层循环, 控制列输出}
            write(j,'x',i,'=',i*j,'  ');
        writeln
      end
end.
```

运行结果:

1×1=1

1×2=2 2×2=4

1×3=3 2×3=6 3×3=9

1×4=4 2×4=8 3×4=12 4×4=16

1×5=5 2×5=10 3×5=15 4×5=20 5×5=25

1×6=6 2×6=12 3×6=18 4×6=24 5×6=30 6×6=36

1×7=7 2×7=14 3×7=21 4×7=28 5×7=35 6×7=42 7×7=49

1×8=8 2×8=16 3×8=24 4×8=32 5×8=40 6×8=48 7×8=56 8×8=64

1×9=9 2×9=18 3×9=27 4×9=36 5×9=45 6×9=54 7×9=63 8×9=72 9×9=81

5.5　转向（goto）语句

从严格的分类看，goto 语句并不是循环语句，而是一个无条件的强制跳转语句，之所以把它放到循环结构中，是因为它往往被用来实现循环的效果。

goto 语句的格式:　　　goto　标号;

如果程序中用到了 goto 语句，那么，程序中就必然会出现带标号的语句，其格式为:

标号: 语句;

例如:

```
10  read (a);              {带括号语句}
    if a<10 then
    i :=i+1;
    goto 10;
```

说明:

① 如果在程序中使用标号，就必须在程序的标号说明部分加以说明。标号说明通常放在程序说明部分第一个出现，说明的格式如下:

　　　Label　标号 1, 标号 2……;

② 标号只起到一个表明位置的作用，它并不改变原语句的功能;

③ 标号是无符号整数，其范围是 1～9 999;

④ 标号并不代表实际的行数，标号之间也可不按大小顺序;

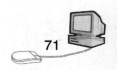

⑤ goto 语句只能从一个语句结构中转出来，不允许从外部转进去；

⑥ goto 语句的运用往往会使程序的执行路线变得非常复杂。因此，在程序设计时应尽量避免使用 goto 语句（在 Pascal 程序中，goto 语句完全可由其他语句代替）。

例 5-11 求 100 以内的所有质数。

分析：除了 1 与它本身以外，不能被任何数整除的数叫质数（也叫素数）。因此，对于整数 n，只要判定从 2 到 $n-1$ 不能整除 n，就可以判定 n 是质数。如果从 2 到 $n-1$ 中某一个数能整除 n，则 n 不是质数。为了方便编程可将质数 2 直接输出（1 既不是质数，也不是合数）。对 3～100 再一个一个地判断，用计数循环来进行控制。设初值为 3，终值为 100；再用一个计数循环控制除数，设初值为 2，终值为 $n-1$。

程序如下：

```pascal
program p5_11(input, output);
label 20;    {定义标号}
var
  n,j: integer;
begin
  write('Zhishu is: 2,');
  for n :=3 to 100 do
    begin
      for j :=2 to n-1 do
        begin
          if n mod j =0
              then goto 20 {若n能被j整除，则转到标号20处执行}
        end;
      write(n, ',');
      20:
    end
end.
```

这里的带标号语句是一个空语句，其作用只是当执行 goto 语句时跳转出内层循环。

◢◢◢➡ 习题 5

1. 指出下列程序段的不妥之处
（1）for i:=1 to 15.5 do
   write(i);
（2）for k:='d' downto 'h' do
   x: =x+k;
（3）for i:=1 to 10 do
   for i:=a to c do
      write(i);

```
(4) while a=b do
       begin
          i:=i+1;
          writeln(i)
       end;
(5) repeat
       begin
          read(n);
          i:=i+1;
          writeln(i)
       end
until   i=100;
```

2. 给出下列程序段的运行结果

```
(1) for  i :=1 to 6 do
       begin
         for j :=6-i downto 1 do
            write('*': 2);
         writeln
       end;
(2) for i :=1 to 100 do
       if i mod 11=0
          then  write(i: 10);
(3) read(n);   {n 为整型变量}
         k :=n;
         repeat
              k :=k-1
         until n  mod k=0;
         write(k);
(4) i :=1;
 1 if i<=10 then
         begin
           total :=total+i;
           i :=i+1;
           goto 1
         end;
         write('total=', total);
(5) i :=10; k :=0;
while(i>=10)and(i<=30)do
       begin
```

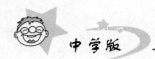

```
        k :=k+i;
        i :=i+2
    end;
  writeln('k=', k)
```

3. 编写下列程序

（1）求 100 + 97 + … + 10 + 7 + 4 + 1 之和。

（2）鸡兔同笼 49，100 条腿地上走，求鸡和兔的数量。

（3）求 100~999 中的水仙花数（注：所谓水仙花数是这样的数：若有三位数 *abc*，且 $abc=a^3+b^3+c^3$，则称 *abc* 为水仙花数。例如：$153=1^3+5^3+3^3$，所以 153 是水仙花数）。

（4）某人想将一张面值为 100 元的人民币兑换成 5 元、1 元和 0.5 元面值的纸币，但要求零钱总数为 100 张，且每种面值的纸币至少有一张。

（5）用迭代法求 $\sqrt{a}$。求平方根的公式为：$X_{n+1}=1/2(X_n+a/X_n)$。要求前后两次求出的差的绝对值小于 10^{-5}。

（6）斐波那契数列的前 *n* 个数为 0，1，1，2，3，4，…，其规律是：$F_1=0$，$F_2=1$，$F_n=F_{n-1}+F_{n-2}$ （*n*≥3），求此数列的前 20 项。

▶ 习题 5 参考答案

1. （1）终值 15.5 为实型，应为顺序类型。

（2）'d' < 'h'，"递减"型循环条件一开始就不满足。

（3）内外层循环不应使用同一控制变量。

（4）循环体中没有改变布尔表达式的语句，有可能导致"死循环"。

（5）repeat 语句的循环体没有必要用 begin 和 end 括起来。

2. （1）　　* * * * *
　　　　　　* * * *
　　　　　　* * *
　　　　　　* *
　　　　　　*

（2）11　　22　　33　　44 … 99（即：100 以内 11 的倍数）

（3）*n* 的最大约数（最大整除数，本身除外）

（4）total=55

（5）k=220

3.

（1）
```pascal
program ex5_1(input,output);
var
    i,j,sum: integer;
begin
    sum: =0;
    for i :=33 downto 0 do
```

```
    begin
        j :=3*i+1;
        sum :=sum+j
    end;
    writeln('sum=',sum)
end.
```
运行结果：sum=1717

（2）
```
program ex5_2(input,output);
    var
        tu: integer;
    begin
        for tu :=1 to 25 do
            if 4*tu+2*(49-tu)=100
                then write('tu=',tu,' ji=': 5,49-tu)
    end.
```
运行结果：tu=1   ji=48

（3）
```
program ex5_3(input,output);
    var
        x,y,z: integer;
    begin
        for x :=1 to 9 do
            for y :=0 to 9 do
                for z :=0 to 9 do
                    if x*x*x+y*y*y+z*z*z=x*100+y*10+z
                        then writeln(x*100+y*10+z)
    end.
```
运行结果：153
        370
        371
        407

（4）
```
program ex5_4(input, output);
    var
        i,j,k: integer;
    begin
        writeln('     i     j      k');
        for i :=1 to 11 do
            for j :=1 to 100-i do
                if 5*i+j+0.5*(100-i-j)=100
                    then writeln(i: 7,j: 7,(100-i-j): 7)
```

```
end.
```

运行结果:

i	j	k
1	91	8
2	82	16
3	73	24
4	64	32
5	55	40
6	46	48
7	37	56
8	28	64
9	19	72
10	10	80
11	1	88

(5)
```pascal
program ex5_5(input,output);
var
  a: integer;
  x0,x1: real;
begin
  write('Please input a: ');
  readln(a);
  if a<0
    then  writeln('a<0,error!')
      else if a=0
        then writeln('sqrt(0)=0')
          else
            begin
              x0 :=a/2;              {x0 的值是任意取的, 不影响最终结果}
              x1: =(x0+a/x0)/2;
              while abs(x1-x0)>1e-5 do
                begin
                  x0 :=x1;
                  x1 :=(x0+a/x0)/2
                end;
              writeln('sqrt(',a: 2, ')=', x1)
            end
end.
```

运行结果: 输入: 5✓

输出: sqrt(5)=2.236067977499790E+000

(6) **program** ex5_6(input, output);

```pascal
var
    i,n,lf,pf,f: integer;
begin
    pf :=0; lf :=1;
    write(pf: 10,lf: 10);
    n :=2;
        for i :=3 to 20 do
            begin
                f :=pf+lf;
                if(n mod 4=0)
                    then writeln;
                write(f: 10);
                pf :=lf;
                lf :=f;
                n :=n+1
            end
    end.
```

运行结果：

0	1	1	2
3	5	8	13
21	34	55	89
144	233	377	610
987	1 597	2 584	4 181

第6章 函数和过程

计算机程序设计和问题求解的基本思想是将一个大的复杂问题分解成更小、更简单和容易处理的子问题。为此提出了结构化程序设计思想。其基本要点是：（1）自顶向下，逐步求精的设计方法；（2）程序的模块化。

在 Free Pascal 程序设计中，子程序是实现结构化程序设计的主要手段之一。

6.1 子程序的概念

在程序设计中，我们经常会发现一些程序段在程序的不同地方反复出现，此时可以将这些程序段作为相互独立的整体，用一个标识符给它起一个名字，凡是程序中出现该程序段的地方，只要简单地写上其标识符即可。这样的程序段称为子程序。

所谓子程序，是指本身不能单独执行，需要其他程序调用才能执行的程序。比如我们所熟悉的标准函数（abs，sqr，sin）以及输入输出标准过程（如 read，readln，write，writeln）等。这些标准函数和标准过程都是 Pascal 系统提供的，我们可以在程序中直接使用它们，而不必知道它们是如何进行计算或如何实现输入输出操作的。与子程序相对应的，前面我们所设计的程序可称为主程序。程序是从主程序开始执行的，通过主程序去调用子程序。因此，一个完整的 Pascal 程序可以包含一个主程序（这是必须的）和若干个子程序。

本章介绍 Free Pascal 中子程序的两种形式：函数和过程。

6.2 函 数

如果我们设计一个子程序，每调用一次产生一个结果，那么可以把这个子程序设计成函数的形式，使用起来比较方便。

在数学上，如果 y 的值随 x 的变化而变化，那么称 y 是 x 的函数，x 是自变量。例如函数 $y=5x+8$，当 $x=2$ 时 $y=18$；当 $x=3$ 时 $y=23$。

Pascal 语言借用数学上的"函数"术语，把完成某种计算的子程序定义为函数。

函数有标准函数和用户自定义函数之分。用户程序可以使用标准函数，也可以根据需要自己定义函数。

6.2.1 标准函数回顾

前面我们介绍并使用了 Pascal 提供的各种标准函数，例如求绝对值函数 abs(x)、求平方根函数 sqrt(x)和正弦函数 sin(x)等，这些函数为我们设计程序提供了很大的方便。在程序中使用这些函数是很方便的。只要按照一定的规则，写出函数名，并将自变量写在函数名后的括号内即可。当程序碰到调用函数时，系统就会自动调用此函数，完成函数计算，并返回结果。

例如下面的程序段：

```
a:=5;
b:=sqr(a)+100;
c:=sqrt(a+44);
```

在第一次调用平方函数时：自变量 a 为 5，返回函数值是 25，再与 100 相加，b 的值是 125。在第二次调用平方根函数时，自变量是表达式 a+44；返回函数值为 7。变量 c 赋值为 7。

6.2.2 函数的定义

Pascal 语言允许用户根据需要自定义函数，但需要注意的是，用户自定义函数与标准函数使用方式不同，标准函数的调用可用在不同程序中，而自定义函数只能在定义它的程序中被调用。

函数定义的一般格式为：

```
function 函数名 （形式参数表）: 函数类型;    } 函数首部
局部变量说明
begin
  语句1;
  语句2;
   :
  语句n;
  函数名:=表达式;             } 函 数
end;
```

下面通过一个简单示例来说明函数定义的应用。

例 6-1 设计一个求累加和的函数。输入一个正整数，然后计算从 1 到此数的累加和。

程序如下：

```
function Sum (n:integer):integer;    }函数首部
var
  s, i:integer;                      }说明部分
begin
  s:=0;
  for i:=1 to n do
    s:=s+i;                          }执行部分    }函数体
    sum:=s;
end;
```

由此可见，函数定义一般由函数的首部和函数体两部分组成。

（1）函数首部

① 函数首部以保留字 function 开头。

② 函数名是用户自定义的标识符，如程序中的 Sum。在同一程序中函数名不能与其他变量名重名，也不能再用作数组名或过程名等。

③ 括号内的形式参数表,简称形参表。形式参数即函数的自变量,如程序中的 n,其值来源于主程序的调用。当主程序调用函数时,形参才能得到具体的值并参与运算,求得函数值。特别注意:此处只能使用类型标识符,而不能直接使用某种数据类型。

④ 函数的类型就是函数值的类型。

(2)函数体

函数体与程序体基本相似,由说明部分和执行部分组成。

① 函数体中的说明部分,用来对本函数使用的常量、变量和类型加以说明,这些量只在本函数内使用,称为局部变量,与函数体外的同名变量无关,如例 6-1 函数中的 s 和 i。

② 函数的执行部分由 begin 开头,以 end 结束,中间有若干用分号隔开的语句,只是 end 后应加分号,不能像程序末尾那样用句号。

③ 在函数体的执行部分,至少应该给函数名赋一次值,以便在函数执行结束后把函数值带回调用该函数的程序中。如例 6-1 程序中的 sum:=s。

6.2.3 函数的调用

用户自定义函数的调用与标准函数一样,不同的是标准函数可以用在不同的程序中,而自定义函数只限于定义它的程序中使用。下面通过例题看如何调用函数。

例 6-2 设计一个求阶乘的函数,计算 5!。

程序如下:

```pascal
program p6_2;
function fct(n:integer):integer;          ┐
var                                        │
  x,t:integer;                             │
begin                                      │
  t:=1;                                    ├ 函数
  for x:=2 to n do                         │
   t:=t*x;                                 │
   fct:=t;                                 │
end;                                       ┘
begin                                      ┐
  writeln(fct(5));                         ├ 主程序
  end.                                     ┘
```

程序的运行结果为 5 的阶乘:120。

可见函数调用方式与标准函数调用方式相同。

函数调用一般形式为:函数名(实在参数表);

(1)函数调用必须出现在表达式中。

(2)实在参数简称实参。在调用函数时,实参将值赋给相应的形参,因此实参的个数、类型应与形参一一对应,并且要有确定的值。

(3)调用函数的步骤是:首先在主程序中计算实参的值,传递给所调用函数中对应的形

参，然后执行函数体，最后将函数值返回给主程序。

　　需要说明的是：自定义函数中的形参，因不是实际存在的变量，它不占用内存单元。实参是在调用函数时所用的自变量。由于只有在调用函数时，才将实参的值赋给对应的形式参数。可见，形参实质上是实参的一个"替身"。

　　例 6-3　求如图 6-1 所示的五边形面积，边长及对角线长 $a1\sim$ $a7$ 由键盘输入。

　　分析：求五边形面积可以变成求 3 个三角形面积之和，在这个程序中要计算 3 次三角形面积，为程序简单起见，可将计算三角形面积定义成函数，然后在主程序中调用 3 次，并相加得到五边形面积。

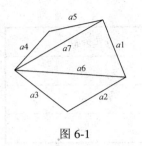

图 6-1

　　三角形面积公式（海伦公式）为：$s=\sqrt{p(p-a)(p-b)(p-c)}$

　　其中，a、b、c 为三角形三条边长，p 为半周长，即 $p=(a+b+c)/2$。

程序如下：

```
program p6_3;
var
  a1,a2,a3,a4,a5,a6,a7,s:real;
function area(a,b,c:real):real;
var
  p:real;
begin
  p:=(a+b+c)/2;                 {计算半周长}
  area:=sqrt(p*(p-a)*(p-b)*(p-c));
                       {利用海伦公式求面积}
end;
begin
  write('Input a1,a2,a3,a4,a5,a6,a7:');
  readln(a1,a2,a3,a4,a5,a6,a7);
  s:=area(a4,a5,a7)+area(a1,a7,a6)
          +area(a2,a6,a3);   {三次调用函数}
  writeln('s=',s:8:2);
end.
```

右侧大括号标注：子程序（函数）、主程序

运行：

```
Input a1,a2,a3,a4,a5,a6,a7: 2 3 3 3 3 4 4✓
s=   12.82
```

　　例 6-4　求两个正整数 m，n 的最大公约数。

　　分析：利用欧几里德"辗转相除"算法求 m、n 两数的最大公约数。

　　具体方法：若 m 是 n 的倍数，那么 m、n 的最大公约数就是 n；否则反复利用下面的原理，设 r 是 m 除 n 的余数（即 $r=m \bmod n$），那么 m 和 n 的最大公约数等于 n 和 r

的最大公约数。即当 m 不能整除 n 时，先求出 $r=m$ mod n，再将 n 赋值于 m，将 r 赋值于 n，继续计算 $r=m$ mod n，……直到余数为 0 止，此时的除数就是两个数的最大公约数。

过程示例：$m=36$，$n=28$，过程见表 6-1。

表 6-1　最大公约数求解过程

	m（被除数）	n（除数）	r（余数）
第一次除法	36	28	8
第二次除法	28	8	4
第三次除法	8	4	0

程序如下：

```pascal
program p6_4;
var
  m, n:integer;
function gcd(a, b:integer):integer;
var
  r:integer;
begin
  while b<>0 do
  begin
    r:=a mod b;
    a:=b;
    b:=r;
  end;
  gcd:=a;
end;
begin
  write('Input m, n: ');
  read(m, n);
  writeln(gcd(m, n));
end.
```

运行：

Input m, n: 12 15

3

6.3 过 程

在 Pascal 语言中，过程分标准过程和自定义过程，如前面学过的读语句 read(x)；写语句 write(x)；实际上都是过程语句，由于它们是 Pascal 系统预先声明的，所以称为标准过程。

如果我们将完成某种操作，进行某种运算的程序定义为过程，叫做用户自定义过程。

6.3.1 过程的定义

过程定义的一般格式为：

procedure 过程名 （形式参数表）；   } 过程首部

局部变量说明部分

begin

  语句 1；

  语句 2；

  ⋮

  语句 n

end;

下面通过一个简单的示例来说明过程定义的具体规定。

例 6-5 任意输入 3 个互不相等的整数 a、b、c，经过处理之后，让它们满足关系 $a>b>c$。

分析： 通过两两进行比较，如果某两个变量不满足前者大于后者的要求，就交换其值。在设计程序时，让主程序完成对变量的输入、输出和比较操作，把"交换数据"的操作让过程来完成。

程序如下：

```pascal
program p6_5;
var
  a, b, c:integer;
procedure swap(var m, n:integer);{过程首部}
var
  t:integer;
begin
  t:=m;
  m:=n;
  n:=t
end;
begin
  write('Input a, b, c: ');
```

```
        readln(a, b, c);
        if a<b then
          swap(a, b);
        if a<c then
          swap(a, c);
        if b<c then
          swap(b, c);
        writeln(a, '>', b, '>', c)
      end.
```

所谓定义过程，就是在程序的说明部分，对过程加以描述。

由此可见，过程定义部分由过程首部和过程体组成。

（1）过程首部

① 由保留字 procedure 开头。

② procedure 后面的过程名是用户为自己的过程起的名字，如程序中的 swap，过程名应是一个合法的标识符，因此应遵守标识符的各种规定。过程名只用来标识一个过程，不代表任何数据，所以它没有类型。

③ 形式参数表部分可以包含一个或多个参数，多个参数之间用分号分隔。过程也可以没有参数。没有参数的过程叫做无参过程。

形式参数有值形参和变量形参两种，例如：

procedure pc(m:integer; **var** t:real);

未用 var 说明的 m 为值形参，var 之后的 t 为变量形参。如果几个参数同为值形参或同为变量形参，并且数据类型相同，则可合并说明，各个参数之间用逗号分隔。例如：

procedure pc(a, b:integer; **var** m, n:real);

值形参和变量形参的用法有很大差别，我们将在 6.4.1 和 6.4.2 中详细介绍。

（2）过程体

过程体由过程的说明部分和执行部分组成。

① 过程说明部分用来说明过程体中所用的常量、变量等，这些量只能在本过程中使用，称为局部常量和局部变量。与过程体外的所用同名量无关。

② 过程体的执行部分是一个复合语句，也就是由 begin 和 end 括起来的语句序列（end 后面有一个分号）。

自定义过程与自定义函数一样，都需要先定义后调用，下面请看如何调用过程。

6.3.2　过程调用

在主程序中调用过程，要通过过程语句来实现。

过程语句的一般形式为：过程名 （实在参数表）；

实在参数表列出实在参数（简称实参）序列，各实参之间用逗号分开。实参表中的实在参数必须与形参表中的形式参数在个数、类型、顺序上一一对应（调用无参过程的过程语句没有实参表）。即一个实参对应一个形参，次序不能颠倒。

在调用过程时，通过给出的过程名，首先要完成实、形参结合，即用形式参数去代替实

在参数，然后再去执行过程体。过程体执行完毕后，形参及局部量消失，返回主程序的调用处继续向下执行，如图 6-2 所示。

图 6-2　过程调用

例 6-6　定义一个打印由"∗"号组成的三角形的过程，然后，在主程序中输入行数，并调用该过程输出三角形。

程序如下：

```
program p6_6;
var
a:integer;
procedure sjx(x:integer);      {过程}
var i,j:integer;
begin
  for i:=1 to x do
    begin
      for j:=1 to i do
      write('*');
      writeln
    end;
end;
begin
  read(a);
  sjx(a);             {调用过程}
end.
```

运行：

5↙
*
**
***
****

*****

例 6-7 编写一个求 $n!$ 的过程，并求出 2!+10! 的值。

程序如下：

```pascal
program p6_7;
var
  a, b:integer;
  sum, s:real;
procedure fct(n:integer; var t:real);
var
  x:integer;
begin
  t:=1;
  for x:=1 to n do
    t:=t*x;
end;
begin
  write('Input a, b: ');
  read(a, b);
  sum:=0;
  fct(a, s);
  sum:=sum+s;
  fct(b, s);
  sum:=sum+s;
  writeln('sum=', sum:8:0);
end.
```

运行：

```
Input a, b: 2 10✓
sum= 3628802
```

上面程序中将 $n!$ 定义为过程，然后在主程序中分别调用此过程，计算 2! 和 10!。

过程体采用从 1 连乘到 n 的方法计算 $n!$ 的值。开始置 $t=1$，循环变量 x 由 1 变化到 n，进入循环后作累乘 $t:=t*x$。过程体中使用两个参数，n 是一个整型的值参，作为阶乘的自变量。t 是实型的变量参数，作为阶乘的结果值，将 $n!$ 带回调用此过程的主程序中。因为 Pascal 语言的整型值范围太小，当 $n!$ 超过整型的最大表示范围（32767）时，就会出现"数值越界"的错误，所以 t 应是一个实型的变参。

主程序中定义了两个整型变量 a，b 和两个实型变量 sum，s。使用两条过程语句 fct(a，s) 和 fct(b，s)，分别计算出 2! 和 10!。最后相加得出结果。

要特别注意正确使用过程语句，不能写成 fct(s，a) 或 fct(a) 或 fct(a，b，s)，那样将会犯"类型不匹配"、"实参个数不够"、"实参个数太多"等错误。

 以上我们学习了自定义函数和自定义过程，它们都是 Pascal 语言的子程序，都可以完成某种计算或某种操作，二者的结构也差不多，但两者存在许多不同的地方，主要区别有：

① 过程的首部与函数的首部不同。

② 函数在参数表后要说明函数类型，在函数体中应对函数名赋值，而过程在参数表后无类型说明，不能给过程名赋值。

③ 函数通常是为了求一个函数值，并在函数执行结束后将函数值带回主程序。而过程可通过一系列的数据处理，得到若干个计算结果，或用来完成与计算无关的任何各种操作。

④ 调用方式不同。函数的调用出现在表达式中，而过程的调用是一个独立的语句。

6.4　参数的传递

通过前面的学习，我们知道在调用过程或函数时，主程序中调用语句的实在参数要与过程或函数说明中的形式参数进行"实形结合"，我们把这种结合叫做参数传递。

参数传递方式取决于过程或函数说明的形参表中的形式参数种类。如果形式参数被指定为值形参，那么就要求实在参数向对应的形式参数传值；如果形式参数被指定为变量形参，那么就要求实在参数向对应的形式参数传送存储地址。下面分别介绍传值和传地址的规则。

6.4.1　值形参

值形参是指形式参数表中前面没有保留字 var 的这一类参数。如：

procedure s（a，b:integer）；

其中，a 和 b 为值形参。

传值就是把实在参数的值"赋给"对应的形式参数，而实在参数本身并不参与过程体的执行。应该强调的是：

① 形参表中只能使用类型标识符，而不能使用类型。

② 实参和对应的值形参必须一一对应，包括个数和类型。

③ 实参和值形参之间数据传递是单向的，只能由实参传递给值形参，相当于赋值运算。

④ 当值形参是实型变量名时，对应的实参可以是整型表达式（即赋值相容）。

⑤ 当返回主程序后，值形参的存储单元被释放。因此值形参又称"输入参数"或"入口参数"。

例 6-8　写出下面程序运行结果。

程序如下：

```
program p6_8a;
var
  m:integer;
procedure add(b:integer);
```

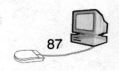

```
  begin
    writeln('b=', b);
    b:=b+100;
    writeln('b=', b);
  end;
  begin
    m:=5;
    writeln('m=', m);
    add(m);
    writeln('m=', m);
  end.
```

运行结果：

```
m=5
b=5
b=105
m=5
```

从输出结果可以看出：第一行和第四行是主程序中两条输出语句输出的结果，第二行和第三行是过程 add 中的两条输出语句输出的结果。

过程 add 的形式参数 b 是一个值参，当主程序调用过程 add(m)时，形参 b 获取 m 的当前值 5，执行输出语句，输出结果的第二行 b=5。执行过程体时，形参 b 又增加了 100，变成了 105，所以第三行输出 b 的值是 105。当执行完过程返回主程序调用处时，实参 m 的值仍然是 5，因此有上述输出结果。

以上例子说明：值形参本身是一个变量，它的值是通过实参传递的，所以只有过程被调用，形参才起作用。一旦过程执行完毕，形参的作用也将随之消失。

6.4.2　变量形参

变量形参是指形式参数表中前面带保留字 var 的参数。例如：

procedure sum（var s:real）;

如果过程的形参表中引用的是变量形参，那么在调用过程时，就将对应的实参的存储地址传给这个形参，称为"传地址"。所以过程体内对形参的任何操作，实际上就是对相应的实参的操作。应该强调的是：

① 与变量形参对应的实参只能是变量名，而不能是表达式。根据程序需要，实参可先赋值，也可不赋值。

② 变量形参与对应实参的类型必须完全相同。

③ 由于对变量形参的操作其实就是对实参的操作，因此在过程中对形参的一切操作都将反映到实参上。过程执行完毕后，实参将这些操作的结果带回主程序。所以，变参又称为"输出参数"或"出口参数"。

下面我们将例 6-8 程序中的值形参改为变量形参，观察一下运行结果，并加以比较。

```
program p6_8b;
```

```
var
  m:integer;
procedure add(var b:integer);
begin
  writeln('b=', b);
  b:=b+100;
  writeln('b=', b);
end;
begin
  m:=5;
  writeln('m=', m);
  add (m) ;
  writeln('m=', m);
end.
```

运行：
```
m=5
b=5
b=105
m=105
```

在该程序中，过程 add 的形式参数是变参，当主程序调用过程 add(m) 时，形参便通过所记下的实参的地址，找到所对应的实参，转而对实参进行操作。过程体内虽然是将变参 b 增加了 100，实际上就是对实参 m 增加了 100，所以在过程体内对形参值的改变实际上就是对实参的改变。当过程调用结束后，形参的作用虽然消失了，但对实参值的改变却保留了下来，所以输出结果的最后一行为：m=105。

选用形式参数时，到底是使用值形参还是变量形参，应慎重考虑。一般在函数中尽量使用值形参；而在过程中，如果需要过程向调用程序返回值时，应采用变量形参。

例 6-9　写出下列两个程序的运行结果。

```
program p6_9a;
var
  a,b:integer;
procedure swap(x,y:integer);
var
  t:integer;
begin
  t:=x;
  x:=y;
  y:=t;
end;
begin
```

```
program p6_9b;
var
  a,b:integer;
procedure swap(var x,y:integer);
var
  t:integer;
begin
  t:=x;
  x:=y;
  y:=t;
end;
begin
```

```
 a:=5;b:=10;                    a:=5;b:=10;
  writeln(a:4,b:4);              writeln(a:4,b:4)
  swap(a,b);                     swap(a,b)
 writeln(a:4,b:4)                writeln(a:4,b:4);
end.                           end.
 运行:                           运行:
    5   10                          5   10
    5   10                         10    5
```

分析：这两个程序唯一区别是 p6_9a 中将 x 和 y 作为值形参，而 p6_9b 中将 x 和 y 作为变量形参。

这两个程序在执行主程序中第一个输出语句时没有区别，输出结果都是 5 和 10，当执行 swap(a，b)语句，调用过程后，再返回主程序，执行第二个输出语句 writeln(a:4，b:4)时，程序 p6_9a 由于形参是值参不能将交换结果带回；程序 p6_9b 的形参是变参，过程体内对变参 x 和 y 交换其值，实际上就等于对实参 a 和 b 值的交换，所以输出结果是 10 和 5。

从以上程序可以看出，在过程体内两个变量交换后的值是通过变参带回主程序的。那么在过程中能不能不通过变量参数也能完成两个变量值的交换呢？请看下面内容。

6.5 变量及其作用域

在 Pascal 语言中所有的变量在使用之前必须先定义。在主程序中有变量说明语句，过程和函数中也有变量说明语句，那么在整个程序中先后说明的变量的适用范围有可能是不一样的。即同一程序中各个变量的作用域不一定相同。一般说来，一个变量的作用域是从定义这个变量的那条语句起，直到该说明语句所在的程序（或过程、函数体）的最后一个 end 止的这段源程序，超过这个范围，便失去意义。

6.5.1 全程量和局部量

全程量是指在程序开头部分说明的变量，局部量是指在过程体和函数体内说明的变量。在程序中，全程变量、局部变量的作用域不一样。

局部变量的作用域指它所在的子程序（函数或过程），由于形式参数也只在子程序中有效，也属于局部变量。由于过程（或函数）的局部量和形式参数，其作用域仅限于该过程（或函数）内部，不能在过程（或函数）以外使用，这就是我们所说的过程（或函数）执行结束后局部量和参数就消失了。

全程量的作用域分两种情况：
① 当全程量和局部量不同名时，其作用域是整个程序范围（包括程序中定义的子程序）。
② 当全程量和局部量同名时，全程量的作用域不包含局部量的作用域。

例 6-10 全程量的作用域。

程序如下：

```
program p6_10;
```

```
var
  a, b:integer;
procedure swap;
var
  t:integer;
begin
  t:=a;
  a:=b;
  b:=t;
end;
begin
  a:=1；b:=2;
  writeln(a:4，b:4);
  swap;
  writeln(a:4，b:4)
end.
```

无参过程

运行：
```
  1  2
  2  1
```

以上就是利用无参过程 swap，完成变量 a 和 b 交换值的程序，它并没有使用变量参数，而是通过全程变量 a 和 b 将过程的值传回主程序的。t 是局部量，只能在 swap 中使用；不能用在主程序中。

下面的程序展示了全局量与局部量同名的情况。

例 6-11　写出以下两个程序的运行结果并加以比较。

```
program p6_11a;
var
  x:integer;
procedure abc;
begin
  x:=5;
  writeln('**',x,'**');
end;
begin
  x:=3;
  writeln('***',x,'***');
  abc;
  writeln('***',x,'***');
end.
```

```
program p6_11b;
var
  x:integer;
procedure abc;
var
  x:integer;
begin
  x:=5;
  writeln('**',x,'**');
end;
begin
  x:=3;
  writeln('***',x,'***');
  abc;
  writeln('***',x,'***');
end.
```

运行结果如下：　　　　　　　　　　运行结果如下：

3　　　　　　　　　　　　***3***

5　　　　　　　　　　　　　**5**

5　　　　　　　　　　　 ***3***

　　p6_11b 程序比 p6_11a 程序多了一行，即在过程中又定义了与 x 同名的局部变量，于是全程变量 x 的作用域就不同了。程序 p6_11b 中全程变量 x 的作用域是除了过程 abc 以外的其他部分，因此输出结果中最后一行 x 的值仍是 3。

6.5.2　参数的选择

　　通过对前面内容的学习，我们知道，在设计过程与函数时如何选择参数是程序设计的重要环节。

　　在设计函数与过程时，可能要用到很多标识符，那么哪些可以选定为参数，哪些又可以定义为全程量或局部量呢？

　　可以将与过程体或函数体以外的程序无关的量定义为局部量，例如：过程体或函数体中使用的循环变量，用作交换的中间过渡变量等。

　　当过程体（或函数体）要求由主程序传递数据，在过程（或函数）执行完毕后，又向主程序传回数据时，就需要设定参数。在确定使用哪些参数后，下一步再确定哪些用值参，哪些用变参。

　　首先把那些只需在调用过程（或函数）时传递实参的当前值，并不希望执行过程体（或函数体）后返回值的参数列为值参。

　　其次把通过调用过程（或函数），除了将过程（或函数）外部的值传递给过程（或函数）外，还能将变化的形参值返回的参数列为变参。这样的形参先取实参的值（或者根本不需要取实参的值），过程（或函数）执行后将结果带回主程序。

　　如例 6-7 中，求 n!的过程使用两个参数 n 和 t。因为参数 n 是阶乘的"自变量"，过程中用 n 的值控制循环次数，而不修改 n 的值，所以 n 被列为值参。参数 t 用来表示 n 的阶乘的值，它不需要从实参那里获取初值，只把计算结果带回主程序，所以被列为变参。

　　又如例 6-9 中的过程 swap 使用了两个参数 x 和 y。由于该过程的作用就是交换 x 与 y 的值（实际上是交换它们所对应的实参的值），所以它们要先取实参的值，过程结束后，还要把交换后的值传给实参，因此 x 和 y 被说明为变参。

　　其实，形式参数和全程量都可以起到过程（或函数）和主程序之间的联系纽带作用，但是为了过程（或函数）的通用性，在过程（或函数）中应尽量少用全程量。也就是说，最好让过程（或函数）通过参数与外部程序进行联系。这样有利于程序的可读性。不是特殊情况尽量不使用无参过程。

6.6　嵌套与递归

6.6.1　嵌　套

　　在程序中，一个函数或过程调用另一个函数或过程，就称为函数与过程的嵌套。

例 6-12

程序如下：

```
program p6_12;
procedure tu;
var
  i:integer;
procedure tu1;
var
  j:integer;
begin
  for j:=1 to 20 do
    write('X');
  writeln;
end;
begin
  tu1;
  for i:=1 to 2 do
      writeln('X', 'X':19);
  tu1;
end;


begin
  tu;
end.
```

过程 tu1

过程 tu

主程序

在以上程序中，过程 tu 中又嵌套了过程 tu1。执行程序时，从主程序开始先调用过程 tu，进入 tu 的过程体。紧接着又调用过程 tu1。过程 tu1 的功能是连续输出 20 个字符 X。退出 tu1 过程体，然后执行 tu 过程体的循环，输出第二行和第三行。再重新调用过程 tu1，输出第四行。运行结果如下：

```
XXXXXXXXXXXXXXXXXXXX
X                  X
X                  X
XXXXXXXXXXXXXXXXXXXX
```

在设计和实现嵌套程序时应注意：

① 要遵循内层必须完全嵌套在外层程序之中的原则，不得相互交叉。

② 内层与外层定义的变量只能在本层内使用，外层程序不能访问内层程序所定义的变量。

6.6.2 递　归

如果函数体或过程体中出现调用其自身的语句，称为递归调用。这样的函数或过程称为

递归函数或递归过程。

例 6-13 设计一个计算 $n!$ 的递归程序。

根据数学含义，$n!$ 可由下面公式表示：

$$n!=\begin{cases}1 & \text{当} n=0,\\ n\times(n-1)! & \text{当} n>0.\end{cases}$$

根据以上公式推理，为了求 $n!$ 可以先求出 $(n-1)!$，为了求 $(n-1)!$ 又可先求 $(n-2)!$……如此递推，直到 $n=0$。由于 $n=0$ 时已定义为 1。再由 $0!=1$ 又一步步反向推回，求出 $1!$、$2!$……最终得到 $n!$ 的值。下面将此过程写成递归函数。

程序如下：

```pascal
program p6_13;
var
  n:integer;
  x:real;
function fct(t:integer):real;
begin
  if t=0 then
    fct:=1
  else
    fct:=t*fct(t-1);
end;
begin
  readln(n);
  x:=fct(n);
  writeln(n, '!=', x:10:0);
end.
```

（递归函数）

运行时，输入 3，输出结果为：3!=6。

下面看输入 3 后程序是如何执行的：

① 当主程序的 readln(n) 读入 3 后，执行 x:=fct(3) 引起第一次调用 fct(3)，进入 fct 函数体，由于 n=3 大于 0，所以执行语句 fct:=3*fct(3-1)，即 fct:=3*fct(2)；

② 为了求得 fct(2)，引起第二次的函数调用（递归调用）。重新进入 fct 函数体，此时值参 n=2 仍然大于 0，执行语句 fct:=2*fct(2-1)，即 fct:=2*fct(1)；

③ 为求得 fct(1) 引起第三次函数调用（递归调用），进入函数体，这时值参 n=1 大于 0，执行语句 fct:=1*fct(1-1)，即 fct:=1*fct(0)；

④ 为求得 fct(0) 又第四次调用函数（递归调用），进入函数体，这时值参满足 n=0 的条件，故执行 then 后面的语句 fct:=1；

⑤ 当第四次调用求得 fct(0)=1 时就不再产生递归调用，程序返回到第三次调用点，执行 fct:=1*fct(0)。由于 fct(0)=1，结果为 fct(1)=1*1=1，完成第三次调用。继续返回第二次的调用点，求得 fct(2)=2*1=2，完成第二次调用，同理继续返回第一次调用点，算出 fct(3)=3*2=6。第一次调用结束后，返回主程序的赋值语句 x:=fct(n) 输出结果 3!=6。

为了便于理解以上程序的执行过程，请参考如图 6-3 所示的递归调用的示意图。

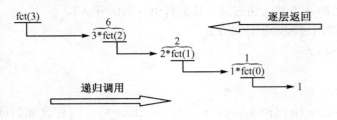

图 6-3 递归调用示意图

例 6-14 编程解决汉诺塔问题。相传古印度所罗门教徒玩一种游戏，将 64 片直径不同中心有孔的圆形金片穿在一根金刚石柱子上，小片在上，大片在下，形成宝塔形状（如图 6-4 所示）。按照下述三条规则，把这些金片从原来的柱子（杆 A）一片片地搬到另一个柱子（杆 B）上，当完成整个游戏即放下最后一片金片时，会听到"轰"的一声天崩地裂，宇宙就毁灭了。三条规则是：

① 只给一根中间过渡杆（杆 C）；

② 每次只能从一杆顶端取下一个金片，放在另一杆上。

③ 任何时候，任一杆上的金片，都要满足小的在上面大的在下面（即大片不能压小片）。

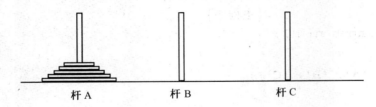

图 6-4 汉诺宝塔

分析：这是一个非常好的递归程序设计示例。它不像前面的递归程序那样，先有非递归程序，再将其改写成递归形式。如果此题不使用递归过程或许就无从下手。下面我们先以三个金片为例：

要从杆 A 移动到杆 B，要借助于杆 C 来过渡。移动方案是：

第一步 A→B（表示将杆 A 的金片移动到杆 B 上）；

第二步 A→C；

第三步 B→C；

第四步 A→B；

第五步 C→A；

第六步 C→B；

第七步 A→B。

共移动 7 次完成了 A 杆上的三个金片，按照题目要求的规则移到 B 杆上。

题目要求将 n 个金片由杆 A 移到杆 B 可用同样的方法：

① 先（递归地）将杆 A 上面的 $n-1$ 片移到杆 C（利用杆 B）；

② 然后把杆 A 上唯一的一片移到杆 B；

③ 再把杆 C 上的 $n-1$ 片（递归地）移到杆 B（利用杆 A）。

这是一个递归调用过程。程序如下：

```pascal
program p6_14;
var
  n:integer;
procedure move(n:integer; a, b, c:char);     {定义递归过程}
begin
  if n=1 then
    writeln('move ', n, ' from ', a, ' to ', b)
  else                {多于一片，递归进行}
  begin
    move(n-1, a, c, b);{递归地将 n-1 片从 a 搬到 c，利用杆 b 过渡}
    writeln('move ', n, ' from ', a, ' to ', b);{最后一片从 a 搬到 b}
    move(n-1, c, b, a);  {递归地将杆 c 上的 n-1 片搬到杆 b，利用杆 a 过渡}
  end;
end;
begin                   {主程序}
  write('Input n: ');
  read(n);
  move(n, 'A', 'B', 'C');
end.
```

运行：

```
Input n: 3↙
move 1 from A to B
move 2 from A to C
move 1 from B to C
move 3 from A to B
move 1 from C to A
move 2 from C to B
move 1 from A to B
```

当程序运行输入 n 的值时，除 3 以外也可以选 4、5 或 6，但千万不要输入 64。因为通过推导，若按规则移动 64 片金片，要搬动 $2^{64}-1=1.8\times10^{19}$ 次。若每秒钟移动一次，需一万亿年。根据科学推算，地球的"生命"约几十亿年到几百亿年，可见到地球毁灭也不能做完这个游戏。即使让计算机"搬"，每秒搬一亿次，也要用 5 800 年，可见要完成这个游戏是不可能的。

由以上两个递归函数的执行过程可以看到，每次递归调用，总是重复执行某种操作，这与循环有点近似。

递归结构的程序具有结构清晰，容易阅读和理解的优点，写出的程序较简短，但在处理递归问题中，需要保留每次递归调用时的参数和局部变量，这样就占用大量的存储空间和花

费较多的机器时间，效率较低。

用递归过程或函数解决问题时应满足下面要求：

① 首先分析题意，求解的问题是否符合递归的描述：将要解决的问题可以化为与原问题相同的若干子问题。

② 过程体或函数体中必须有递归结束的条件。即不产生递归的条件判断语句（如例6-13中的 if t=0 then fct:=1）。

③ 递归调用的次数是有限的。不管递归调用多少次，每递归一次，即向递归结束条件接近一点，最终达到结束条件，不再递归。

6.7 应用实例

例6-15 如果 a 和 $a+2$ 同为素数，那么 a 与 $a+2$ 是一对孪生素数。请编程找出两位数中所有的孪生素数。

下面的程序把"判断一个数是否是素数"写成布尔函数形式。

程序如下：

```
program p6_15;
var
  j, k:integer;
function pr(n:integer):boolean;       {定义判断素数的布尔函数}
var
  i:integer;
  t:boolean;
begin
  t:=true;
  i:=2;
  while t and (i<=sqrt(n)) do
    if n mod i=0 then
      t:=false
    else
      i:=i+1;
  pr:=t;              {给函数赋布尔值}
end;
begin                           {主程序}
  k:=0;
  j:=11;
  while j<=99 do
begin
    if pr(j) and pr(j+2) then             {调用过程，判断孪生素数}
      begin
```

```
        writeln(j:4, j+2:4);
        k:=k+1;
      end;
     j:=j+2;
    end;
  writeln('Total:', k);
end.
```

运行:

```
   11  13
   17  19
   29  31
   41  43
   59  61
   71  73
   Total:6
```

例 6-16 从键盘上输入一串英文字符,以 "#" 作为结束标志,然后再按逆序输出。
程序如下:

```
program p6_16;
procedure ch;                {定义递归过程}
var
  c:char;
begin
  read(c);
  if c<>'#' then
    ch;                      {递归调用}
  write(c);
end;
begin                        {主程序}
  ch;                        {过程调用}
end.
```

运行:

abcdefg#↙

#gfedcba

说明:c 是过程 ch 中的局部变量,每次执行过程 ch 时,系统都重新生成一个变量 c。这个变量 c 与上次执行 ch 时生成的变量 c 是两个各自独立的变量;重复执行输入语句 read(c)可将一串字符逐个输入,直到 c='#'时停止输入,此时的 c 是最后一个调用 ch 时生成的变量 c,执行输出语句 write(c)输出最后输入的一个字符;然后返回上一次递归调用处,此时的 c 是倒数第二次执行 ch 时生成的变量 c,write 语句输出倒数第二个字符,如此继续,进行输出操作,直到输出第一个字符为止。

例 6-17　对 6 到 60 之间的偶数验证哥德巴赫猜想：任何一个大于 6 的偶数总可以分解为两个素数之和。

分析：哥德巴赫猜想是一个数学难题，它的理论证明比较复杂。我们在这里只是用计算机对有限范围内的数加以验证。

首先在程序中定义函数 p(x)，用来判断 x 是否为素数。若 x 是素数，则函数赋值为 1，否则赋值为 0。在主程序中通过对表达式 p(x)+p(n–x)的值是否为 2，来判断拆分的两个数是否为素数。

程序如下：

```
program p6_17;
var
  n, m:integer;
function p(x:integer):integer;          {定义判断素数的函数}
var
  t, i:integer;
begin
  t:=1;
  for i:=2 to trunc(sqrt(x)) do
    if x mod i=0 then
      t:=0;
  p:=t;
end;
begin                            {主程序}
  repeat
    write('Please input n: ');
    readln(n);                        {输入一个 6-60 之间的偶数}
  until (n>6) and (n<=60) and (n mod 2=0);
  for m:=2 to n div 2 do
    if p(m)+p(n-m)=2 then      {调用函数，判断拆分的两个数是否为素数}
      writeln(n, '=', m, '+', n-m);
end.
```

运行：

```
Please input n: 40
40=3+37
40=11+29
40=17+23
```

请大家将判断素数的函数改写成布尔函数形式，再运行一次。

习题 6

1. 指出下面哪些是值形参，哪些是变量形参

（1）Procedure px（m:integer; n:real）;

（2）Procedure py（var m:real; n:integer）;

（3）Procedure pa（s:integer; var a, b:real）;

（4）Procedure pb（var x, y:integer; t:booleal）;

2. 指出下面程序中哪些是全程量，哪些是局部量

```pascal
program text;
var a:integer; b:real;
procedure pa(var m:real; n:integer);
  var i, j:integer;
  begin
  m:=0; j:=1;
  for i:=1 to n do
    begin
      m:=m+j*1/I;
      j:=-j
    end
  end;
begin
    write('input a:');
    read(a);
    pa(b, a);
    writeln('b=', b:6:2);
end.
```

3. 设程序首部有如下说明

```pascal
var
  x, y:real;
    a, b:integer;
  c1, c2:char;
procedure p(x:char; var y:integer; t:real);
```

请指出下列调用过程语句哪些是正确的，哪些是错误的，错在哪里。

（1）p('w', x, 48);

（2）p(a, y, c1);

（3）p('m', b, 5+x);

（4）p(c1, a, y);

4. 写出下面程序的输出结果

（1）程序如下：

```
program ex6-1;
var n:integer;
function f(x:integer):integer;
begin
    f:=x*x+10*x-2
  end;
begin
  n:=6;
  writeln(f(n));
  writeln(f(n+5):4, n:4)
end.
```

（2）程序如下：

```
program ex6-2;
var s, i:integer;
function f(x:integer):integer;
var y, j:integer;
begin
    y:=1;
    for j:=1 to  x do
      y:=y*j;
    f:=y;
end;
begin
  s:=0;
  for i:=1 to 5 do
    s:=s+f(i);
  write('s=', s);
end.
```

（3）程序如下：

```
program ex6-3;
var x:integer;
procedure tx(a:integer);
  var y:integer;
  begin
    for y:=1 to a do write('*');
      writeln;
    for y:=1 to a-2 do write('%');
    writeln
```

```
      end;
  begin
    x:=10;
    tx(x);
    writeln('########');
    tx(8)
  end.
```

（4）程序如下:

```
program ex6-4;
var x, y, a:integer;
procedure ew(x:integer; var y:integer);
  var a:integer;
  begin
    x:=x+150; y:=y-25; a:=x+y;
  end;
begin
  a:=100; x:=123; y:=303;
  ew(a, x);
  writeln(x:5, y:5, a:5)
end.
```

（5）程序如下:

```
program text5(input, output);
var a, b, c: integer;
procedure p(var x: integer; y: integer);
  var m, n: integer;
    begin
      m: =x*y;
      x: =x+5;
      y: =y+5;
      n: =x*y;
      writeln(m: 4, n: 4)
    end;
begin
  a: =3; b: =3;
  p(a, b);
  writeln(a:4, b:4);
  p(a, b);
  writeln(a:4, b:4);
end.
```

5. 读入正整数 n，求 2 到 n 之间所有的素数。

6. 编写一个函数，根据参数指定的 n，计算出函数值 x，计算公式如下：

$$x=1+\frac{1}{3}+\frac{1}{5}+\frac{1}{7}+\cdots+\frac{1}{2n-1}$$

并在主程序中调用此函数，计算 $n=20$ 时的函数值（保留 6 位小数）。

7. 设计一个过程，计算圆的面积。在主程序中输入一个半径值，然后调用该过程，并输出圆面积。

8. 用递归方法求两个正整数 a、b 的最大公约数。

9. 从键盘输入任意长度的一串字符，其中包括数字和字母，并以星号"*"结束。由程序用递归的方法将这串字符中的数字字符按反序输出。例如，输入 Delphi6TP70Ada586*，输出为 685076。

▶ 习题6参考答案

1.（1）m 和 n 都是值参。

（2）m 是变参，n 是值参。

（3）s 是值参，a 和 b 是变参。

（4）x 和 y 是变参，t 是值参。

2. a 和 b 是全局量，i，j，m，n 是局部量。

3.（1）错误，实参 x 与对应的形参 y 类型不同。

（2）错误，实参 a 与形参 x 类型不兼容，实参 y 与形参 y 类型不同。

（3）正确。

（4）正确。

4.（1）输出：

    94

   229   6

（2）输出：s=153

（3）输出：

  ****

  %%%%%%%

  ########

  ****

  %%%%%%

（4）输出：

   98 303 100

（5）输出：

   9 164

   8   3

  24 104

```
         13    3
```
5. 程序如下：
```pascal
program ex6_5;
var
  n, i:integer;
function p(x:integer):boolean;
var
  j:integer;
  f:boolean;
begin
  f:=true;
  j:=trunc(Sqrt(x));
  while (j>=2) and f do
  begin
    if x mod j=0 then
      f:=false;
    j:=j-1;
  end;
  p:=f;
end;
begin
  write('Input n:');
  readln(n);
  for i:=2 to n do
    if p(i) then
      write(i, ' ');
end.
```
6. 程序如下：
```pascal
program ex6_6;
function f(n:integer):real;
var
  t:real;
begin
  t:=0;
  while n>=1 do
    begin
      t:=t+1/(2*n-1);
      n:=n-1;
    end;
```

```
      f:=t;
   end;
   begin
     writeln(f(20):7:6);
   end.
```

7. 程序如下:

```
   program ex6_7;
   const
     pi=3.14;
   var
   s:real;
     r:integer;
   procedure yu(x:integer; var t:real);
   begin
      t:=pi*x*x
   end;
   begin
     write('input r:');
     readln(r);
     yu(r, s);
     write('s= ', s:5:2);
   end.
```

8. 程序如下:

```
   program ex6_8;
   var
     m, n:integer;
   function gcd(a, b:integer):integer;
   var
     r:integer;
   begin
     r:=a mod b;
     if r=0 then
       gcd:=b
     else
       gcd:=gcd(b, r);
   end;
   begin
     read(m, n);
     writeln('gcd(', m, ', ', n, ')=', gcd(m, n));
```

```
    end.
9. 程序如下：
    program ex6_9;
    procedure p;
    var
      ch:char;
    begin
      read(ch);
      if ch<>'*' then
        p;
      if (ch>='0') and (ch<='9') then
        write(ch);
    end;
    begin
      p;
    end.
```

第7章 数　组

7.1　认识数组

数组是什么？为什么要使用数组？我们首先来看一个不使用数组的例子。

例 7-1　输入三个整数，由程序计算它们的平均值，并将其中大于平均值的数显示出来。例如，输入 3、8、7，其平均值是 6，因此显示 8 和 7。

分析：用 Readln 语句从键盘读入三个数，分别存储到 *a*、*b*、*c* 三个整型变量中；求出 *a*、*b*、*c* 的平均值，存储到实型变量 *s* 中；将 *a*、*b*、*c* 的值与 *s* 的值依次进行比较，将其中大于 *s* 的值用 writeln 语句输出。

程序如下：

```
program p7_1;
var
  a,b,c:integer;
  s:real;
begin
  readln(a);
  readln(b);
  readln(c);
  s:=(a+b+c)/3;
  if a>s then
    writeln(a);
  if b>s then
    writeln(b);
  if c>s then
    writeln(c);
end.
```

运行程序，输入 3、8、7，输出结果为 8、7。

现在，我们改变一下题目要求：输入 100 个整数，将其中大于平均值的数显示出来。如果仍然采用上述程序的思路，就需要定义 100 个变量，写 100 个 readln 语句、100 个 if 语句和 100 个 writeln 语句。这是很繁琐的。在计算机的实际应用中，数据量往往远大于 100 个，例如，一个图书馆的藏书就可能有几十万册。因此，仅通过增加变量个数和语句条数是无法解决问题的。而且，即使能够写出程序，也一定是冗长笨拙的程序。

通过分析程序中各个变量的用途可知，*a*、*b*、*c* 用于存储待处理的数，可以归为一组，

107

而 s 用于存储平均值，不属于这一组。并且，a、b、c 还具有相同的数据类型。在现实问题中，还有许多数据像 a、b、c 这样具有同等的意义和相同的数据类型，例如班级名单上的 50 个姓名，掷 100 次骰子所得到的 100 个"点数"，课程表上的 30 节课，一座楼房里的 60 个门牌号。在编程时，如果能将每组同类型数据用整体的、统一的方式来存储和处理，而不是孤立地、分别地存储和处理，则可以大大简化程序。

在数学或物理研究中，我们常用一个字母和一系列数字下标（即角标）来构成一组变量，用来表示同类的一组数据。例如，可以用 x_8、x_9、x_{10} 这一组变量来表示某商场 8 月、9 月、10 月的营业额，其中 8、9、10 就是下标，相当于这三个变量的序号。在计算机编程中，我们可以用数组（array）来表示这样的一组数据。数组是同类型的一组数据按一定关系排列成的表。数组中的每一个数据叫做一个数组元素，简称为元素。每个数组都有确定的元素数目和下标范围，例如，为了表示上述三个月的月营业额，我们可以使用一个包含三个元素的数组，下标分别规定为 8、9、10。

integer、real、char 都是 Pascal 语言的标准数据类型，可以直接用来定义变量、形参和函数返回值。数组类型是一种自定义数据类型，需要在程序中预先进行定义，规定数组的元素类型和下标范围，然后才可以使用。

◯ 7.2　一维数组

一维数组是最简单的一类数组。在一维数组中，元素只沿一个方向排列。

7.2.1　一维数组的定义和基本用法

在 Pascal 语言中，一维数组的定义格式如下：

type

　　数组类型名=**array**［常量 1..常量 2］　**of** 基类型；

说明：

① 数组类型名是我们为这个自定义类型所起的名字，它应是一个合法的标识符。

② 下标必须是有序数据类型，例如整型、字符型、布尔型、枚举型。

③ 常量 1 叫做数组的下标下界，用于规定数组下标的最小值；常量 2 叫做数组的下标上界，用于规定数组下标的最大值。下界必须小于或等于上界。

④ 基类型就是数组中每个元素的数据类型，它可以是任何数据类型。

在 type 部分中定义了数组类型之后，就可以在 var 部分定义该类型的数组了：

var

　　数组变量名:数组类型名；

数组变量名是我们为这个数组起的名字，它应是一个合法的标识符。

数组中的每个元素都相当于一个相应类型的普通变量。但是，数组元素没有单独的变量名，必须通过数组变量名和该元素的下标来确定。因此，数组元素也称为下标变量。数组元素的引用格式为：

　　数组变量名［下标］

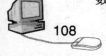

请看例子：

```
type
   T1=array [1..10] of integer;
var
   x:T1;
```

在 type 部分，我们定义了一个名为 T1 的数组类型，它的特征是：数组包含 10 个元素，元素的下标范围是 1 到 10，每个元素的数据类型都是整型。

在 var 部分，我们定义了一个名为 x 的数组，它是 T1 类型的数组，具有 T1 类型所定义的特征。因此，数组 x 包含 10 个元素，分别是 x [1]、x [2]、x [3]、…、x [10]，每个元素的数据类型都是整型。

定义数组的另一种方式为：不定义数组类型标识符，直接定义数组变量，其格式如下：

```
var
   变量名:array [下标下界..下标上界] of 基类型;
```

例如：

```
var
   x:array [1..10] of integer;
```

这段程序直接定义了一个名为 x 的数组，它包含 10 个元素，元素的下标范围是 1 到 10，每个元素的数据类型都是整型。

需要指出的是，数组的下标可以是任何一种有序类型，例如整型、字符型、布尔型、枚举型等，并且可以从这个类型中的任意一个值开始编排，而不一定从 1 开始；数组的基类型可以是 Pascal 语言中的任何数据类型，包括自定义数据类型。下面的数组定义都是正确的：

```
Count:array [1..31] of real;
Leou:array ['a'..'z'] of integer;
R:array [1991..2000] of boolean;
```

其中，数组 Count 有 31 个元素，分别是 Count[1]、Count[2]、…、Count[31]，每个元素都是 real 类型；数组 Leou 有 26 个元素，分别是 Leou['a']、Leou['b']、Leou ['c']、…、Leou['z']，每个元素都是 integer 类型；数组 R 有 10 个元素，分别是 R[1991]、R[1992]、…、R[2000]，每个元素都是 boolean 类型。

以下是一些错误的数组定义：

```
var
   a:array [16..12] of integer; {下界不能大于上界}
   b:array [1.1 .. 1.5] of char; {下标必须是有序类型}
   n:integer;
   c:array [1..n] of real; {下标的下界和上界必须是常量}
```

使用数组时，通常就是把数组元素当作相应类型的变量来使用。数组元素的使用方法与普通变量基本相同。下面的程序用整型变量做对照，演示了整型数组元素的使用方法。

```
program p7_2;
type
   T1=array [1..10] of integer;
```

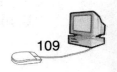

```
var
  a,b,c:integer;
  x:T1;
begin
  a:=3;  x[1]:=3;              {赋值操作}
  b:=a+5;  x[2]:=x[1]+5;           {参加运算}
  readln(c);  readln(x[3]);         {用输入语句赋值}
  writeln(c);  writeln(x[3]);        {输出}
end.
```

使用数组元素时，下标可以是常量，也可以是变量或表达式。例如：

```
program p7_3;
var
  a:array[1..10] of integer;
  i:integer;
begin
  i:=1;
  a[i]:=3;
  a[i+1]:=5;
  a[i+2]:=7;
  writeln('a[1]=',a[1]);
  writeln('a[2]=',a[i+1]);
  writeln('a[3]=',a[i+2]);
end.
```

程序的运行结果为：

```
a[1]=3
a[2]=5
a[3]=7
```

数组元素的下标可以是变量或表达式。通过改变变量或表达式的值，我们就可以引用数组中的不同元素。借助这一特点，我们可以用循环语句对数组中的元素进行成批操作，例如：

```
for i:=1 to 10 do Read(a[i]);
```

这一行程序所执行的操作就相当于

```
read(a[1]);
read(a[2]);
read(a[3]);
read(a[4]);
read(a[5]);
  ⋮
read(a[10]);
```

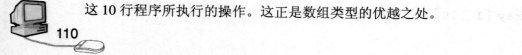这 10 行程序所执行的操作。这正是数组类型的优越之处。

现在，我们可以很容易地实现 100 个数的处理了。下面的程序，用数组实现了例 7-1 的要求，并将数据量扩展到 100 个。

```
program p7_4;
var
  N:array [1..100] of integer;        {定义数组 N}
  s:real;
  i:integer;
begin
  for i:=1 to 100 do
    readln(N [i]);        {依次读 100 个整数，存到 N 中}
  s:=0;
  for i:=1 to 100 do
    s:=s+N [i] /100;        {求 100 个数的平均值}
  for i:=1 to 100 do
    if N [i] >s then
      writeln(N [i]);        {依次比较，若大于 ave 则输出}
end.
```

运行程序以后，从键盘上输入 100 个整数，程序将其累加起来，求出平均数，然后依次判断每个数，将大于平均值的数显示出来。

由此可见，使用数组类型和循环结构，可以对一组数据进行成批操作。这样写出的程序更简洁、更合理，而且容易根据需求的变动进行修改。例如，需处理的数据变为 60 个，则只需将下标上界和循环终值改为 60，而不需要改动程序结构，也不需要增删语句。

在计算机的内存中，数组元素是依次存放的。一维数组的各个元素按其下标顺序依次排列。假如有这样一段程序：

```
program p7_5;
var
  a:array [3..8] of integer;
begin
  a [3] :=8;
  a [4] :=0;
  a [5] :=0;
  a [6] :=6;
  a [7] :=0;
  a [8] :=6;
end.
```

则数组 *a* 在内存中具有这样的结构：

8	0	0	6	0	6

每个整型变量占用 2 个字节的存储空间，因此整个数组共占用 12 个字节的存储空间。

7.2.2 一维数组的应用实例

一维数组可以用来表示数列、字符串、一元方程、多项式等数据对象。

例7-2 借助一维数组，生成菲波那契数列的前 20 项：

 1 1 2 3 5 8 13 21 34 55 89 144 233 377 610 987 1597 2584 4181 6765

分析：设菲波那契数列的元素为 a_1、a_2、a_3、$\cdots$、a_n，则有

（1）$a_1=1$；

（2）$a_2=1$；

（3）$a_n=a_{n-1}+a_{n-2}$（当 $n \geqslant 3$ 时）。

可分两步实现，先为数组的第一个元素和第二个元素填写 1，然后依次计算后续元素。

程序如下：

```pascal
program p7_6;
var
  a:array [1..20] of integer;
  i:integer;
begin
  a[1]:=1;
  a[2]:=1;
  for i:=3 to 20 do
    a[i]:=a[i-1]+a[i-2];
  for i:=1 to 20 do
    write(a[i],' ');
end.
```

例7-3 从键盘输入 10 个整数，按升序（由小到大）进行排序，并显示结果。

分析：处理一组同类型的数据，可以使用数组。给 n 个数进行排序，有许多方法，这里采用比较简单的一种：首先找出 n 个数中最小的数，与第 1 个位置上的数交换；再找出剩下 $n-1$ 个数中最小的数，与第 2 个位置上的数交换；再找出剩下 $n-2$ 个数中最小的数，与第 3 个位置上的数交换；……直到剩下 2 个数时，将这 2 个数中较小的数与第 $n-1$ 个位置（即倒数第二的位置）上的数交换。当然，若某次比较时发现第 x 个数已经在第 x 个位置上，就不用交换了。剩下的最后一个数一定是最大的数，此时即完成升序排序。

在编写数组程序时，为了能够用循环结构对不同元素依次进行操作，我们一般都是用变量来做数组的下标。保存下标值的这个变量，实际上起到了选择和指示数组元素的作用。在此，我们引入"指向"这个概念。用变量 k 指示数组 a 的元素时，如果 k 的值是元素 $a[x]$ 的下标，即 $k=x$，则称为"k 指向 $a[x]$"；如果 k 又被赋值为 y，则可以说"k 改为指向 $a[y]$"。

程序如下：

```pascal
program p7_7;
var
  a:array [1..10] of integer;
  i,j,k:integer;                 {i,j 用于循环，k 用于指向当前的最小元素}
```

```
      t:integer;
begin
  writeln;
  for i:=1 to 10 do
    read(a[i]);
  for i:=1 to 9 do                    {从第 1 个数起，到第 n-1 个数止}
  begin
    k:=i;                             {首先假设剩余数中第一个数是最小的，用 k 指向它}
    for j:=i+1 to 10 do               {从剩余数的第二个数比起，到最后一个数止}
      if a[j]<a[k] then               {若第 j 个数比第 k 个数还要小}
        k:=j;                         {则 k 改为指向第 j 个数}
    if i<>k then                      {若剩余数中第一个数不是剩余数中最小的数}
    begin                             {则将剩余数中的第一个数与剩余数中最小的数交换}
      t:=a[i];                        {用临时变量 t 先将 a[i]的值保存起来}
      a[i]:=a[k];                     {a[i] 获得 a[k] 的值}
      a[k]:=t;                        {a[k] 获得 a[i] 的值}
    end;
  end;
  for i:=1 to 10 do
    write(a[i],' ');
end.
```

这个程序使用了二重循环结构。外层循环每执行一次，内层循环就进行一轮比较，选出剩余数中的最小的数，并交换到剩余数的首位。假如输入这样 10 个数：

$$7，2，9，3，0，-1，2，-5，6，1$$

数组的初始状态如下：

7	2	9	3	0	-1	2	-5	6	1

进行第一轮比较时：$i=1$；k 首先指向 10 个数中的第一个数 7；通过 j 的控制，k 所指向的数与后 9 个数依次进行比较；2<7，k 指向 2；9>2，k 不变；3>2，k 不变；0<2，k 指向 0；-1<2，k 指向-1……最后，k 指向的是这 10 个数中最小的数-5；于是将-5 与第一位置上的数 7 交换。第一轮比较完毕，数组状态如下：

-5	2	9	3	0	-1	2	7	6	1

进行第二轮比较时，$i=2$；k 指向剩余 9 个数中的第一个数 2；通过 j 的控制，k 所指向的数与后 8 个数依次进行比较；最后，k 指向的是这 9 个数中最小的数-1；于是-1 与第二位置上的数 2 交换。第二轮比较完毕，数组状态如下：

-5	-1	9	3	0	2	2	7	6	1

进行第三轮比较时，$i=3$；k 指向剩余 8 个数中的第一个数 9，$a[k]$ 与后 7 个数依次比较，最后找到最小的数是 0，于是 0 与第三位置上的数 9 交换。第三轮比较完毕，数组状态如下：

−5	−1	0	**3**	**9**	**2**	**2**	**7**	**6**	**1**

完成第九轮比较后，数组已经是升序排列了：

−5	−1	0	1	2	2	3	6	7	9

7.3 二维数组

在现实世界中，有许多数据是按二维关系组织的，例如课程表中的课程，见表 7-1：

表 7-1 课程表

课程\星期 节数	星期一	星期二	星期三	星期四	星期五
第 1 节	数学	语文	数学	数学	数学
第 2 节	语文	哲学	英语	英语	语文
第 3 节	英语	化学	体育	生物	英语
第 4 节	物理	体育	美术	语文	音乐
第 5 节	化学	英语	语文	化学	化学
第 6 节	音乐	物理	语文	自习	体育

与这种数据结构相对应的数组是二维数组。二维数组由"行"和"列"组成，二维数组中的元素沿"行"和"列"两个方向排列。要在二维数组中确定一个元素，必须同时指出它所在的行和所在的列，因此二维数组需要使用两个下标，即"行下标"和"列下标"。二维数组的元素也叫做双下标变量，与此对应，一维数组的元素叫做单下标变量。

7.3.1 二维数组的定义和基本用法

二维数组的类型定义格式如下：

type
    数组类型名=**array** [行下标下界..行下标上界,列下标下界..列下标上界] **of** 基类型；

例如：

type
    T1=**array** [1..3,1..4] **of** real;
var
    a:T1;

这样定义的变量 *a* 就是一个二维数组。它包含 3 行 4 列，共 12 个元素，即：

a [1,1]	*a* [1,2]	*a* [1,3]	*a* [1,4]
a [2,1]	*a* [2,2]	*a* [2,3]	*a* [2,4]
a [3,1]	*a* [3,2]	*a* [3,3]	*a* [3,4]

也可以直接定义二维数组变量：

var

　　数组变量名：**array** ［行下标下界．．行下标上界，列下标下界．．列下标上界］ **of**
基类型；

二维数组的使用方法与一维数组类似，只是需要指定两个下标。其引用格式为：

　　数组变量名［行下标，列下标］

例如：

　　a［1，1］:=3.5；

　　a［2，4］:=a［2，3］+1；

操作二维数组时，常使用二重循环。例如，可以这样为数组 a 中的每个元素读入数据：

for i:=1 **to** 3 **do**

　for j:=1 **to** 4 **do**

　　readln(a［i，j］)；

顺便指出，定义一维数组时，如果基类型仍是一维数组类型，则得到的这个数组实际上
就是一个二维数组。例如：

type

　T1:**array**［1..5］ **of** integer；

　T2:**array**［1..3］ **of** T1；

var

　a:T2；

这样定义的变量 a 实际上就是一个 3 行 5 列的二维数组，它的第 3 行第 2 列的元素可以
写作 a［3,2］，也可以写作 a［3］［2］。

7.3.2　二维数组的应用实例

例 7-4　将某水泥厂 2001 年到 2003 年之间每年的季度产量存入二维数组，然后将每年的
最高季度产量和所在季度显示出来。产量为整数，单位为"万吨"。

分析：定义一个整型二维数组，行下标表示年，列下标表示季度。用循环结构从每年的
数据中找出最大值并显示。

程序如下：

```
program p7_8;
var
  a:array[2001..2003,1..4] of integer;
  i,j,k:integer;
begin
  for i:=2001 to 2003 do
    for j:=1 to 4 do
      begin
        write('请输入',i,'年第',j,'季度的产量:');
        readln(a[i,j]);
```

```
    end;
for i:=2001 to 2003 do
  begin
    k:=1;
    for j:=1 to 4 do
      if a[i,j]>a[i,k] then
        k:=j;
    writeln(i,'年的最高季度产量是',a[i,k],'万吨，在第',k,'季度');
  end;
end.
```

程序运行如下：

请输入 2001 年第 1 季度的产量:27↙

请输入 2001 年第 2 季度的产量:26↙

请输入 2001 年第 3 季度的产量:29↙

请输入 2001 年第 4 季度的产量:28↙

请输入 2002 年第 1 季度的产量:29↙

请输入 2002 年第 2 季度的产量:29↙

请输入 2002 年第 3 季度的产量:20↙

请输入 2002 年第 4 季度的产量:32↙

请输入 2003 年第 1 季度的产量:27↙

请输入 2003 年第 2 季度的产量:31↙

请输入 2003 年第 3 季度的产量:28↙

请输入 2003 年第 4 季度的产量:29↙

2001 年的最高季度产量是 29 万吨，在第 3 季度

2002 年的最高季度产量是 32 万吨，在第 4 季度

2003 年的最高季度产量是 31 万吨，在第 2 季度

例 7-5 借助二维数组，显示如图 7-1 所示的七阶（七行）"杨辉三角形"：

```
            1
          1   1
        1   2   1
      1   3   3   1
    1   4   6   4   1
  1   5  10  10   5   1
1   6  15  20  15   6   1
```

图 7-1 杨辉三角形

分析：对于这种规律比较复杂的数字图形，通常采用的方法是：定义一个二维数组，根据图形的规律向数组中填入适当的数（给相应位置的元素赋值），然后用二重循环将数组中的元素逐行显示出来。

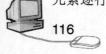

从直观上看，杨辉三角形的特征是：

① 第 i 行有 i 个数，i=1，2，3…；

② 第一行的数是 1；

③ 从第二行开始的每行中，首末两个数都是 1；

④ 从第三行开始的每行中，除首末两数外，每个数都是它"肩膀"上的两数之和。

以这些特征为规则，就可以生成任意阶数的杨辉三角形。为了能够容易地找到杨辉三角形在数组中的规律，我们将七阶杨辉三角形放到网格中来观察：

	1	2	3	4	5	6	7	8	9	10	11	12	13
1							1						
2						1		1					
3					1		2		1				
4				1		3		3		1			
5			1		4		6		4		1		
6		1		5		10		10		5		1	
7	1		6		15		20		15		6		1

从图上看，这个网格中的数据有如下规律：

① 共占用 7 行 13 列，行号范围从 1 到 7，列号范围从 1 到 13；

② 第 i 行共有 i 个非空元素；

③ 第 i 行中，列号为 $7-(i-1)+2k$ 的元素是非空的（k=0，1，2，…，$i-1$）；

④ 第 i 行的首末非空元素的列号分别是 $7-(i-1)$ 和 $7+(i-1)$；

⑤ 第 i 行的非首末非空元素的列号为 $7-(i-1)+2k$（k=1，2，…，$i-2$）；

⑥ 任何一行中的首末非空元素的值恒为 1；

⑦ 任何一行中的非首末非空元素 $a[i,j]$ 的值为 $a[i-1,j-1]+a[i-1,j+1]$。

其中，第 1 行可以认为首末元素是重合的。

有了这些规律，就可以直接编写杨辉三角形的程序了。实际编程时，为提高效率，减少循环次数，可以一边向数组中填数（给元素赋值）一边在屏幕上显示，而无需等整个数组全填好后再显示。数组基类型选用整型。网格中的空元素不是杨辉三角形的元素，不需要显示，在数组中用 0 表示（杨辉三角形中没有 0 元素，因此不会混淆）。

程序如下：

```
program p7_9;
var
  a:array[1..7,1..13] of integer;
  i,j,k:integer;
begin
  for i:=1 to 7 do
  begin
    for j:=1 to 13 do
```

```pascal
      a[i,j]:=0;           {先将数组的全部元素置零}
      a[i,7-(i-1)]:=1;          {第 i 行的第一个非空元素置 1}
      a[i,7+(i-1)]:=1;          {第 i 行的最后一个非空元素置 1}
      for k:=1 to i-2 do      {第 i 行共有 i-2 个非首末非空元素，需要填数}
      begin
        j:=7-(i-1)+2*k;          {计算非首末非空元素的纵坐标}
        a[i,j]:=a[i-1,j-1]+a[i-1,j+1];   {赋值为肩膀上两数之和}
      end;
      for j:=1 to 13 do       {显示刚填好的这一行}
        if a[i,j]=0 then        {值为零的元素是网格中的空元素}
          write('  ')                {空元素不显示}
        else                   {值不为零的元素才是杨辉三角形的元素}
          write(a[i,j]:2);
      writeln;
    end;
  end.
```

由七阶杨辉三角形的规律，我们很容易得到 n 阶杨辉三角形的规律：

① 共占用 n 行，$2n-1$ 列，行号范围从 1 到 n，列号范围从 1 到 $2n-1$；

② 第 i 行共有 i 个非空元素；

③ 第 i 行中，列号为 $n-(i-1)+2k$ 的元素是非空的（$k=0$，1，2，$\cdots$，$i-1$）；

④ 第 i 行的首末非空元素的列号分别是 $n-(i-1)$ 和 $n+(i-1)$；

⑤ 第 i 行的非首末非空元素的列号为 $n-(i-1)+2k$（$k=1$，2，$\cdots$，$i-2$）；

⑥ 任何一行中的首末非空元素的值恒为 1；

⑦ 任何一行中的非首末非空元素 $a[i,j]$ 的值为 $a[i-1,j-1]+a[i-1,j+1]$。

将上面的程序稍加修改，就可以得到 n 阶杨辉三角形的通用程序，请读者自行完成。

7.4 多维数组

二维以上的数组统称多维数组，其定义方法和使用方法与二维数组类似。下面的程序用三维数组记录某地一天中各时刻的噪音强度，然后显示最大值和最大值所在时刻。

```pascal
program p7_10;
var
  a:array[0..23,0..59,0..59] of integer;
  i,j,k:integer;
  Hour,Min,Sec:integer;           {记录最大值所在的时、分、秒}
begin
  for i:=0 to 23 do
    for j:=0 to 59 do
      for k:=0 to 59 do
```

```
begin
    write('输入',i,':',j,':',k,'的噪音强度：');
    readln(a[i,j,k]);
  end;
Hour:=0;
Min:=0;
Sec:=0;
for i:=0 to 23 do
  for j:=0 to 59 do
    for k:=0 to 59 do
      if a[i,j,k]>a[Hour,Min,Sec] then
      begin
        Hour:=i;
        Min:=j;
        Sec:=k
      end;
writeln('全天噪音最大值是',a[Hour,Min,Sec],'分贝');
writeln('所在时刻为',Hour,':',Min,':',Sec);
end.
```

程序运行情况如下：

输入 0:0:0 的噪音强度：37✓

输入 0:0:1 的噪音强度：36✓

……

输入 8:27:46 的噪音强度：65✓

……

输入 23:59:59 的噪音强度：35✓

全天噪音最大值是 78 分贝

所在时刻为 18:29:33

7.5　使用数组时需注意的问题

① 数组类型的变量可以当作一个整体来赋值，但要求赋值号两边的数组必须是"类型一致"的。例如：

```
program p7_11;
type
  T1=array[1..26] of char;
  T2=T1; {用等号定义的新类型，与原类型是类型一致的}
var
  a:T1;
```

```
   b:T1;
   c:T2;
   d,e:array [1..26] of char;
 begin
   a:=b;        { 同一个类型标识符定义的变量是类型一致的 }
   a:=c;        { 用类型一致的两个类型标识符定义的变量是类型一致的 }
   d:=e;        { 用同一个变量定义语句定义的变量是类型一致的 }
 end.
```

这个程序中的三条赋值语句都是正确的。

如果它们不是类型一致的，那么，即使描述相同，也不能进行赋值。例如：

```
program p7_12;
type
   T1=array [1..26] of char;
   T2=array [1..26] of char;
var
   a:T1;
   b:T2;
   c:array [1..26] of char;
begin
   a:=b;        { a 与 b 不是类型一致的 }
   a:=c;        { a 与 c 不是类型一致的 }
end.
```

这个程序中的两条赋值语句都是错误的，它们都无法通过编译时的语法检查。

② 数组可以用作函数和过程的参数，但要求形参和实参必须是类型一致的。因此，只能使用预先定义好的数组类型标识符来定义参数，而不能在函数的形参表中直接描述数组类型（为什么？请读者思考）。下面的程序演示了正确的定义方法：

```
program p7_13;
type
   TChar=array [1..10] of char;
var
   ChArray:TChar;
procedure ReadChar(var a:TChar);        {用类型标识符定义一个变参}
var
   i:integer;
begin
   for i:=1 to 10 do
     readln(a [i]);
end;
procedure WriteChar(a:TChar);        {用类型标识符定义一个值参 }
```

```
var
  i:integer;
begin
  for i:=1 to 10 do
    write(a[i]);
end;
begin { of main program }
  ReadChar(ChArray);        { 从键盘接收 10 个字符，存入数组 }
  WriteChar(ChArray);       { 将数组中的 10 个字符显示出来 }
end.
```

下面的定义方法是错误的：

```
procedure WriteChar(a:array [1..10] of integer);
```

这行代码试图在函数的形参表中直接描述数组类型，它无法通过编译检查。

③ 函数和过程的参数是数组时，实参与形参必须类型一致。下面的程序是错误的：

```
program p7_14;
type
  TChar=array [1..10] of char;
var
  arr:array [1..10] of char;
procedure ReadChar(a:TChar);
begin
  for i:=1 to 10 do
    readln(a[i]);
end;
begin
  ReadChar(arr);
end.
```

因为实参 arr 与形参 a 不是类型一致的。

④ 使用数组时，最常出现的错误就是下标越界，即实际指定的下标超出了预先定义的下标范围。例如：

```
program p7_15;
var
  a:array [1..5] of char;
begin
  a[0]:='a';
  a[8]:='b';
end.
```

数组 a 的元素是 $a[1]$ 到 $a[5]$，现在要引用 $a[0]$ 和 $a[8]$，显然是没有意义的，因为并不存在这两个元素。正如一座楼高 10 层，现在要找第 15 层，或地下室 6 层，都是没有

意义的。上述程序中的越界错误比较明显，通常只是由笔误引起的。由于下标写成了常量，在编译时即会提示错误。但是，在许多情况下，数组的下标是变量或变量表达式，只有在运行时才能确定其数值。如果变量或表达式的值在运行时发生错误，就可能导致难以察觉的数组下标越界。例如：

```pascal
program p7_16;
var
  c:char;
  a:array ['a'..'z'] of integer;
begin
  read(c);
  while Ord(c)<>13 do
  begin
    a[c]:=a[c]+1;
    read(c);
  end;
  writeln;
  for c:='a' to 'z' do
    writeln(' [',c,'] =',a[c]);
end.
```

这是一个字符计数程序。用户输入一串英文字符，程序统计出 26 个字母在这串字符中出现的次数。例如，当用户输入字符 b 时，程序执行 a['b']:=a['b']+1；用户输入 k 时，程序执行 a['k']:=a['k']+1；用户输入回车时，程序退出 while 循环，结束输入，显示统计结果。该程序的思路是正确的，当用户输入完全合法的数据时（一串英文字母，并以回车结束），程序能够正常运行并得出正确结果；但是，如果用户输入了非法的字符，例如 '%'，程序就会发生下标越界错误。因为程序将试图引用 a['%'] 这个元素，而数组 a 的下标范围是从'a'到'z'，并没有 a['%'] 这个元素。

下标越界可能产生很严重的后果，例如数据被破坏、程序形成死循环、系统死机等，并且这样的错误不容易查找。在编程时，可以通过多种方法来避免下标越界。从优化程序的角度考虑，可以在获取数据、处理数据和使用下标时，对数据进行范围检查，拒绝非法的下标值；从避免笔误的角度考虑，可以用符号常量作为循环初值、循环终值和表达式的操作数。

下面这个程序，先从键盘读入一组数据，然后根据用户输入的指令来作相应处理，若输入的是合法下标值则显示相应的数据，输入非法下标值则给出提示，输入–1 时结束程序。由于使用了符号常量和范围检查，该程序能够较好地避免出现下标越界的错误。

```pascal
program p7_17;
const
  IndexMin=1;  { 定义下标下界 }
  IndexMax=100;                          { 定义下标上界 }
var
  a:array [IndexMin..IndexMax] of integer;
```

```
    i:integer;
  begin
    for i:=IndexMin to IndexMax do            { 读入一组数据 }
      readln(a [i] );
    readln(i);                    { 从键盘接收用户指令 }
    while i<>-1 do                    { 若非-1 则继续 }
    begin
      if (i>=IndexMin) and (i<=IndexMax) then
        writeln(a [i] )            { 下标没有越界, 则显示相应元素 }
      else
        writeln('Illegal index!');        { 下标越界, 则给出提示 }
      readln(i);                  { 继续从键盘接收用户指令 }
    end;
  end.
```

该程序有两点好处：第一，若用户输入的下标是非法的，则程序不会试图按照非法下标去引用数组元素；第二，若需调整数组大小，只需修改 const 部分的常量定义，而不用逐一修改程序中的其他代码，避免了各处修改不一致或某处忘记修改造成的错误。该程序中只有三处代码涉及到了数组的下标范围，比较容易逐一修改；如果是一个很大的程序，其中也许有几百处代码使用了数组的下标下界和下标上界，逐一修改就很费时间，并且容易出错，这时，符号常量的好处就很明显了。

注：此处删除了原稿中的两个自然段

7.6　字符串

在现实问题中，经常需要处理文本类型的数据，实现文本的存储、插入、删除、替换、查找、显示输出等操作。为简便起见，我们首先不考虑中文文本，因为中文文本的存储方法和操作方法都比较复杂。通常意义上的文本是由大小写字母、数字、标点、空格等字符组成的，按一定顺序排成一串。例如 I am a student. 这句文本就包含了 11 个字母、3 个空格、1 个标点，共 15 个字符。

这种由字符按一定顺序排列所组成的数据对象叫做字符串（string），有时也简称为字串或串。与其他数据类型一样，字符串也可以是常量形式或变量形式。我们很熟悉这种输出语句：

Write('Input a number;');

实际上就是在用 Write 语句输出字符串常量。

字符串所包含的字符个数叫做这个字符串的长度（length）。不含有任何字符的字符串叫做空字符串（empty string），简称空串，空串的长度是 0。空串与空格字符串是不同的，因为空串不含字符，而空格串含有一个或多个空格字符。

在 Pascal 语言中表示字符串的方法很简单：将字符串用单引号引起来。

例如：

字符串'AB'，长度为 2

字符串'A B'，包含'A'、空格、'B'共 3 个字符，长度为 3

字符串'This is a pen.'，长度为 14

字符串''是空串，长度为 0

字符串' '含有 2 个空格，长度为 2

字符串两边的单引号是用于界定字符串范围的，它并不是字符串的一部分，不会随字符串内容存储到内存中，也不会影响字符串的长度。

我们知道，Pascal 语言中的字符常量也是用单引号引起来的。所以，只含有一个字符的字符串与一个字符常量的写法是相同的，但是它们的意义不同，它们分别属于不同的数据类型。通常不需要刻意区分一个字符构成的字符串和字符常量。

如果字符串本身的内容包含单引号(因为单引号也是一个字符，也可能出现在文本当中)，在书写程序时要将字符串中的每一个单引号连续写两次，例如：

字符串"'"在程序中应写作''''

字符串 I'm a boy.在程序中应写作'I''m a boy.'

这样，Pascal 语言系统会识别出字符串中的单引号，不会与字符串两边的单引号混淆。需要注意的是，连写的两个单引号仍然只表示一个字符，在计算字符串长度时也只算一个字符的长度，在实际存储时仍然是存储一个单引号。这样书写，仅仅是为了在程序中区别字符串里的单引号与字符串两边的单引号。

字符串中任意长度的连续的字符组成的字符串叫做原字符串的子串，与子串相对应的原字符串叫做主串。显然，任何字符串都是它自身的子串，空串是任何字符串的子串。以下是一些子串的例子：

'A'、'AB'、'BCD'、'DE'、'E'、'ABCDE'，都是 'ABCDE'的子串。

'his'、'a pen'、'.'，都是'This is a pen.'的子串。

'is'是'This is a pen.'的子串，并且在其中出现了 2 次。

'AA'是'AAAAA'的子串，并且在其中出现了 4 次

通常可对字符串进行下列操作：

① 求长度：给定一个字符串，求它的长度，结果是一个非负整数。

② 连接：即字符串相加，例如 'ABC'与 'DEFG'连接得到 'ABCDEFG'。

③ 求子串：例如求 'ABCDE'中从第 3 字符开始的长度为 2 的子串得到 'CD'。

④ 查找子串：在一个字符串中查找指定的子串，求子串在主串中出现的位置。例如在'ABCDEFG'中查找 'CDE'，得到的结果是 3。

此外，还有一些字符串操作，如删除子串、插入子串、替换子串、求左子串、求右子串等，一般都可通过基本操作的组合和变化来实现。

字符串可以参加关系运算，构成关系表达式。设有两个字符串，比较的规则如下：从它们各自的第一个字符开始，依次比较两个字符串对应位置上的字符，直到出现不相等的字符，此时认为 ASCII 码值较大的字符所在的串较大；若比较到其中一个串结束时两个串的对应字符都相等，则认为较长的串较大；若两串长度相等，且对应字符都相等，则认为两串相等。例如：

'B'>'A' ｛ 因为 B 的 ASCII 码值大于 A 的 ASCII 码值 ｝

' '<'A' { 因为空格的 ASCII 码值小于 A 的 ASCII 码值 }

'ABCDE'>'ABCCE' { 因为 D 的 ASCII 码值大于 C 的 ASCII 码值 }

'ABC'>'AB' { 因为两串对应字符均相等，且左串比右串长 }

'AB '>'AB' { 因为两串对应字符均相等，且左串比右串长 }

'A B'<'AB' { 因为空格的 ASCII 码值小于 B 的 ASCII 码值 }

'ABCD'='ABCD' {因为两串长度相等，且对应字符都相等 }

以上的例子仅使用了大写字母和空格，在实际应用中，任何字符都是遵循一样的比较规则的。字符的 ASCII 码值可以通过查阅 ASCII 码表或调用 ord 函数来获取。

字符串是由一组同类数据（字符）按一定顺序排列而成的数据结构，因此可用数组来存储。存储字符串的最基本的方法就是使用字符数组。

7.6.1　用字符数组存储字符串

例 7-6　从键盘接收一个字符串，以星号"*"为结束标志，存储到数组中（不包括星号），然后将该字符串显示出来。假设字符串的长度不超过 100 个字符。

分析：可定义一个字符型数组，用 while 循环来控制流程，用 read 语句接收字符，依次存储到数组的元素中，遇到星号时结束，然后用 for 循环依次输出数组中的字符。字符串的长度是未知的，因此需要再定义一个变量，记录实际录入的字符个数，以便确定字符串长度，在使用字符串时确定到何处结束。

程序如下：

```
program p7_18;
var
  a:array [1..100] of char;
  len,i:integer;              { len 用于指示字符串的当前长度 }
  ch:char;
begin
  len:=0;            { 在录入之前，字符串的长度是 0 }
  read(ch);
  while (ch<>'*') and (len<100) do
  begin
    len:=len+1;            { 每添加一个字符，字符串的长度都要加 1 }
    a [len] :=ch;          { 将新录入的字符添加到原字符串的末尾 }
    read(ch);
  end;
  for i:=1 to len do            { 依次显示字符数组中的字符 }
    write(a [i] );
end.
```

该程序的原理比较简单，这里就不再讲解了。从程序中可以看出，要在计算机中表示字符串，需要存储两部分数据：字符串的内容和字符串的长度。字符串的内容是若干个字符，字符串的长度是一个非负整数。

　　字符数组的长度是有限的，因此在执行连接、插入、替换等操作时都要防止得到的结果超出字符数组所能存储的长度。通常的做法是，只取结果字符串的不超长部分，将超长部分截掉。当然，也可根据程序需要，返回一个错误信息，拒绝执行操作。

7.6.2　Free Pascal 的字符串类型

　　字符串数据是很常用的数据，但使用自定义的字符数组来处理字符串比较麻烦。为此，Free Pascal 提供了专门的字符串类型，其类型标识符是 string。string 类型的默认最大长度是 255 个字符，直接用标识符 string 定义的字符串变量的最大长度就是 255。用户也可以在 string 类型的基础上定义新的字符串类型，指定不同的最大长度，用户可定义的最大长度的范围是 1 到 255。

　　定义字符串类型的格式为：

type
　　字符串类型名=**string**［最大长度］；

如果不指定最大长度，则最大长度就是 string 类型的默认最大长度 255。

例如：

type
　　TStr1=**string**［100］；　　　　　{最大长度为 100 的字符串类型}
　　TStr2=**string**［20］；　　　　　{最大长度为 20 的字符串类型}
　　TStr3=**string**；　　　　　　{与 string 类型一致的字符串类型，最大长度是 255}
var
　　s1:TStr1；　　　{用类型 TStr1 定义一个最大长度为 100 的字符串变量}
　　s2:TStr2；　　　{用类型 TStr2 定义一个最大长度为 20 的字符串变量}
　　S3:TStr3；　　　{用类型 TStr3 定义一个最大长度为 255 的字符串变量}

也可以直接定义字符串变量，其格式为：

var
　　变量名:**string**；
　　变量名:**string**［最大长度］；

例如：

var
　　s3:**string**；　　　　　{直接定义了一个 string 类型的字符串变量}
　　s4:**string**［30］；　　　{　直接定义了一个最大长度为 30 的字符串变量　}

字符串可以像其他数据类型一样进行赋值操作，例如：

① s1:='ABCDE'；

② s2:=''；

③ s3:=s2；

赋值时，如果字符串超出了字符串变量的最大长度，则超出部分将被截掉。例如：

var
　　a:**string**［5］；
begin

```
a:='ABCDEFG';
```

变量 a 实际得到的值是'ABCDE'，超出 5 个字符之后的'FG'被截掉了。

字符串类型可以用作函数、过程的参数和返回值，例如：

```
function IsEmpty(a:string):boolean;
function GetSubStr(a:string;m,n:integer):string;
```

字符串类型的数据可以参与关系运算，构成关系表达式，例如：

① 表达式'ABC'<'ABD'为真；

② 表达式'DE'>'DEF'为假；

③ 表达式'FG'>='FG'为真；

④ 表达式'HIJK'='HI JK'为假；

⑤ 表达式'LM '>''为真。

字符串可以通过加法来实现连接操作，表达式中的操作数不但可以是字符串类型的常量、变量、表达式，也可以是字符型的常量、变量或表达式。例如：

```
program p7_19;
var
    a,b:string;
    ch:char;
begin
    a:='AB';
    ch:='C';
    b:=a+ch+'D'+Char(69);
    writeln(b);
end.
```

这里，a 是字符串变量，ch 是字符变量，'D'是字符型常量，Char(69)是字符型表达式。程序输出的结果为 ABCDE。

在许多情况下，我们需要引用字符串中指定位置的字符。Free Pascal 提供了一种类似于数组的引用方式。其格式为：

字符串变量［字符位置］

例如，字符串 s 的第 3 个字符可以表示为 s［3］，以此类推，字符串 s 的第 n 个字符可以表示为 s［n］。显然，合法的 n 值应大于 0，并且小于等于字符串当时的实际长度（不是字符串变量的最大长度）。

Free Pascal 提供了一组标准的字符串过程和函数，以实现字符串的一些基本操作。

（1）求字符串长度

格式：Length(S:string):integer;

类型：函数

功能：求字符串 S 的长度，返回结果为整型。

示例：Length('abcde')的结果为 5。

（2）求子串

格式：Copy(S:string;Index,Count:integer):string;

类型：函数

功能：求字符串 S 中第 Index 个位置开始的长度为 Count 的子串。

示例：Copy('ABCDEFGH',3,4)的结果为'CDEF'。

（3）查找子串

格式：Pos(Sub,S:**string**):byte;

类型：函数

功能：求子串 Sub 在 S 中首次出现的位置，结果为字节型，若未找到则返回 0。

示例：Pos('is','This is a pen')的结果为 3。

（4）插入

格式：Insert(S1:**string**;**var** S2:**string**;Index:integer);

类型：过程

功能：将 S1 插入到 S2 中第 Index 个字符的位置，若结果超出 S2 的最大长度，则超出的部分将被截掉。

示例：S 为'12345'，则执行 Insert('AB',S,3)后，S 为'12AB345'。

（5）删除

格式：Delete(S:**string**;Index,Count:integer);

类型：过程

功能：删除 S 中 Index 位置开始的 Count 个字符。

示例：S 为'ABCDEFG'，则执行 Delete(S,2,4)后 S 为'AFG'。

（6）连接

格式：Concat(S,S1,S2,…,Sn:**string**):**string**;

类型：函数

功能：连接两个或两个以上字符串，超出 255 个字符的部分将被截掉。

示例：Concat('AB','CDE','FGHI')的结果为'ABCDEFGHI'。

在某些情况下，我们需要在字符串型数据和数值型数据之间进行转换。Pascal 提供了 Str 和 Val 两个过程。

Str 过程用于将一个数值转换为对应的字符串，其格式为：

Str(V;**var** S:**string**);

其中，V 是整型、实型等数值型数据，可以指定域宽；S 是字符串变量，用于存放转换的结果。请看下面的程序：

```pascal
program p7_20;
var
  a:integer;
  b:longint;
  c:real;
  d:double;
  s:string;
begin
  a:=800;
```

```
    str(a,s);                  { 未指定域宽，则 s='800' }
    b:=800;
    str(b:6,s);                  { 指定了域宽，则 s='   800' }
    c:=16.25;
    str(c,s);                  { 未指定域宽，则 s=' 1.62500000000000E+0001' }
    d:=2.71828;
    str(d:8:2,s);                  { 指定了域宽，则 s='    2.72' }
  end.
```

Val 过程用于将一个字符串转换成对应的数值，其定义为：

```
    Val(S:string;var V;var Code:integer);
```

其中，S 是要转换的字符串，可以是整数形式，也可以是小数；V 是数值型的变量。Code 是一个整型变量，用于指示转换时的错误。Code 返回 0 表示转换无错，返回非 0 表示转换有错，Code 的值即为出错的字符在 S 中的位置。

例如：

```
program p7_21;
var
  a:integer;
  b:real;
  Code:integer;
begin
  val('100',a,Code);         {无错，Code=0，a=100}
  val('100000',a,Code);         {无错，Code=0，但转换结果超出 a 的范围}
  val('1.25',a,Code);         {有错，Code=2，a 的值无确定意义}
  val('1.25',b,Code);         {无错，Code=0，b=1.25}
  val('1.25E+1',b,Code);         {无错，Code=0，b=1.25}
  val('1.25%',b,Code);         {有错，Code=5，b 的值无确定意义}
end.
```

注意，计算机中的实数具有有限的精度范围，因此在转换和赋值时会产生误差。例如，用 Val 函数将字符串'12.34567'转换为 real 类型时得到的是 12.3456699999952。这不是转换过程或赋值语句的错误，而是计算机实数的固有缺陷。在编程时，一定要注意实数的误差。

7.6.3　字符串的应用实例

字符串是程序设计中常用的数据类型，它除了可以表示文本以外，还可以表示数值、符号序列等数据对象。

例 7-7　从键盘接收两个 99 位以内的十进制整数，求它们的和，并显示出来。

分析：99 位的十进制整数超过了 Pascal 数值类型所能表示的范围，因此不能使用现有的数值类型来处理，也不能直接使用现有的加法运算。本程序采用字符串来存储操作数（加数和被加数），用字符数组来存储计算结果，用人工竖式的计算方法进行计算。两个 99 位数之和的最大位数是 100 位，因此字符数组的最大长度应定义为 100。为了提高程序效率，字符

数组使用逆序存储，即低位在左，高位在右。多位数加法的竖式算法是：两个操作数低位对齐，从最低位开始，逐位相加，若某位相加结果超过 10 则向高一位进位；若某一操作数已没有更高位，则只将另一操作数的剩余位逐一加到结果上；直至两个操作数都已加完，即完成计算。

程序如下：

```pascal
program p7_22;
var
  a,b:string[99];          {被加数和加数}
  c:array[1..100] of char;      {计算结果，低位在左}
  i,j,k,sum:integer;
  carry:boolean;           {进位标志}
begin
  readln(a);
  readln(b);
  i:=length(a);            {i 指向 a 的最末位，从右向左加}
  j:=length(b);            {j 指向 b 的最末位，从右向左加}
  k:=0;              {k 指向 c 中的当前位置}
  carry:=false;             {个位是最低位，因此没有低位向它进位}
  while (i>=1) or (j>=1) do           {两个数中有一个未加完则继续加}
  begin
    k:=k+1;            {右移一位，指向一个未用的元素}
    if i>=1 then           {若 a 还未加完}
    begin
      sum:=ord(a[i])-48;            {将 a 的当前位存到 sum 中}
      i:=i-1;            {a 的当前位处理完毕，i 向左移一位}
    end
    else          {若 a 已加完}
      sum:=0;            {a 不再参加运算，sum 清零，准备加 b}
    if j>=1 then          {若 b 还未加完}
    begin
      sum:=sum+ord(b[j])-48;           {将 b 的当前位加到 sum 中}
      j:=j-1;            {b 的当前位处理完毕，j 向左移一位}
    end;
    if carry then          {若 carry=True 则表示上一位有进位}
      sum:=sum+1;            {将进位 1 加到 sum 中}
    if sum>9 then          {若本位超过 9}
    begin
      carry:=true;            {置进位标志，供下一位判断用}
      c[k]:=chr(sum-10+48);            {将 sum 的个位数值存入 c}
```

```
      end
    else begin              {若本位不超过 9}
      carry:=false;              {清进位标志,供下一位判断用}
      c[k]:=chr(sum+48);            {将 sum 的值直接存入 c}
    end;
  end;           {至此,被加数和加数的全部位数都已加完}
  if carry then            {若向最高位有进位}
  begin
    k:=k+1;
    c[k]:='1';            {将进位的 1 添加到 c 的最高位}
  end;
  while k>=1 do            { 从右向左依次输出 c 的元素,即得到运算结果 }
  begin
    write(c[k]);
    k:=k-1;
  end;
end.
```

运行程序,输入两个整数,运行过程和结果如下:

```
396231578313300259↙
5816330785035918↙
402047909098336177
```

程序附有详细的注释,这里只做几点说明:

① 操作数每一位上可能出现的最大数字是 9,每位上的相加结果不会超过 18,加上进位后也不会超过 19。因此,处理进位时,只需考虑"无进位"和"进 1"这两种情况。

② 字符'0'的 ASCII 码是 48,'1'是 49,……,'9'是 58。将数字字符的 ASCII 码减去 48 就得到相应的数值。这个规律在编程中经常会用到,因此应该熟记。

③ 为节省篇幅,本程序没有对输入的数据做合法性判断,如果接收到非法的数据就会出错。请读者自行考虑实际应用中可能出现的非法数据,并完善本程序。

例 7-8 给定两个字符串 a 和 b,设 $1 \leqslant \text{Length}(b) \leqslant \text{Length}(a)$,求 b 在 a 中首次出现的位置,返回结果为正整数。若在 a 中未找到 b,即 b 不是 a 的子串,则返回零。

分析:这是一个典型的"查找子串"任务。最基本的思路是:从 a 的第一个位置开始,取与 b 等长的子串,与 b 比较,若相等则 b 在 a 中的位置就是 1;若不等则继续,从 a 的第二个位置开始,取与 b 等长的子串,与 b 比较,若相等则 b 在 a 中的位置就是 2……这样,一直取到 Length(a)–Length(b)+1 这个位置,因为超过这个位置以后就取不到与 b 等长的子串了。若始终没有找到与 b 相等的子串,则返回零。在实际编程中,不需要将 a 的子串真正"取"出来,只要在 a 中从指定位置开始依次取 Length(b)个字符与 b 中相应位置上的字符进行比较即可。

程序如下:

```
program p7_23;
```

```pascal
var
  a,b:string;
  i,j:integer;          {循环变量}
  lena,lenb:integer;        {字符串 a 和 b 的长度}
  Position:integer;        {b 在 a 中的位置}
  FoundDiff:boolean;         {标志，表示是否发现 a 的子串与 b 有不同}
begin
  a:='ABCDABBCABDCABCDE';
  b:='BCA';
  lena:=length(a);
  lenb:=length(b);
  position:=0;                    {首先假设 a 中未找到 b}
  while (i<=lena-lenb+1) and (position=0) do
  begin
    j:=1;
    FoundDiff:=false;              {首先假设 a 的子串与 b 没有不同}
    while (not FoundDiff) and (j<=lenb) do
    begin
      if b[j]<>a[j+i-1] then           {若发现某个字符不同}
        FoundDiff:=true              {则置标志变量}
      else
        j:=j+1;            {否则继续比较下一个字符}
    end;
    if FoundDiff then          {若本轮比较发现不同}
      i:=i+1            {则从下一个位置开始再取子串，进行下一轮比较}
    else          {若本轮比较未发现不同}
      Position:=i;        {则当前的比较起始位置就是 b 在 a 中的位置}
  end;
  writeln(Position);
end.
```

　　在外循环中，若始终没有找到与 b 相等的子串，则 Position 保持为零。在内循环中，若始终没有发现不相等的字符，则 FoundDiff 变量的值保持为 False。

　　在外循环的循环条件中，Position=0 表示"未找到与 b 相等的子串"；如果找到了相等的子串，即使还没比较到最后（条件 i<=Lena–Lenb+1 仍然成立），也不再继续比较了，因为 b 在 a 中首次出现的位置已经找到了。在内循环的循环条件中，not FoundDiff 表示"未发现不相等的字符"；如果发现了不相等的字符，即使还没比较到 b 串的末尾（条件 j<=Len 仍然成立），也不再继续比较了，因为 a 的子串与 b 肯定不相等了。

习题 7

1. 指出下列数组定义中哪些是错误的，并说明错误的原因
   （1）a:**array**['a'..'x'] **of** real;
   （2）b:**array**[TRUE..FALSE] **of** boolean;
   （3）c:**array**[2..3,3..5] **of** integer;
   （4）d:**array**[10][20] **of** integer;
   （5）e:**array**[3+2..5+5] **of** char;
   （6）f:**array**['k'..'k',FALSE..TRUE] **of** real;
   （7）g:**array**[0.1 .. 0.9] **of** integer;
   （8）h:**array**[40..0] **of** boolean;
   （9）i:**array**[-100..100] **of** real;
2. 指出下面程序中的错误
   program ex7_2;
   type
   　T1=**array**[1..10] **of** real;
   　T2=**array**[1..10] **of** integer;
   var
   　A1:T1;
   　A2:T2;
   　A3:**array**[1..10] **of** integer;
   　i:integer;
   begin
   　for i:=1 **to** 10 **do**
   　begin
   　　A1[i]:=i;
   　　A2[i]:=A1[i];
   　end;
   　A3:=A1;
   　for i:=10 **down** **to** 1 **do**
   　　A2[i]:=A1[i];
   　for i:=1 **to** 10 **do**
   　　A2[A1[i]]:=A1[1];
   end.
3. 写出下面程序的运行结果
   program ex7_3;
   var
   　a:**array**[1..10] **of** integer;

```
    i,j:integer;
begin
    for i:=1 to 10 do
    begin
        a [i] :=a [i] +i;
        for j:=1 to i do
            a [j] :=a [j] +j;
    end;
    for i:=1 to 10 do
        write(a [i] ,' ');
end.
```

4. 从键盘接收 10 个正整数，将其中的奇数和偶数分别显示出来。例如，输入 12 8 19 5 4 6 7 2 11 3，输出结果为 19 5 7 11 3 和 12 8 4 6 2。

5. 从键盘接收 10 个字符串，按长度进行降序排序，并显示排序的结果。

6. 从键盘接收一段英文文本，保存到字符数组中，然后统计其中的单词数目。文本中包括英文大小写字母、英文标点、数字和空格，并以星号"*"结束。假设每个单词只由英文字母组成，相邻单词之间可由空格、标点或回车等符号分隔，文本的总长度不超过 1 000 个字符。

7. 有一个长度为 20 的整型一维数组，从第一个元素开始，存有 10 个整数，已按升序排好序。现再从键盘依次接收 10 个整数，依次插入到数组中的适当位置，使得插入后的数组仍是升序，每接收一个数并插入后都向屏幕上显示一次数组内容。（初始的 10 个数可从键盘输入，也可在程序中赋值）

◣◣◣◣➡ 习题 7 参考答案

1.
（1）正确
（2）错误，下标下界 True 大于上界 False。
（3）正确
（4）错误，下标范围的格式不对。
（5）正确
（6）正确
（7）错误，下标类型不能是实型。
（8）错误，下标下界 40 大于上界 0。
（9）正确
2. A2 [i] :=A1 [i] ;{赋值类型不兼容}
   A3:=A1;{赋值类型不兼容}
   A2 [i] :=A1 [i] ;{赋值类型不兼容}
   A3 [A1 [i]] :=A1 [i] ;{下标类型不符，赋值类型不兼容}

3. 11 20 27 32 35 36 35 32 27 20

4. 程序如下：

```pascal
program ex7_4;
var
  a:array [1..10] of integer;
  i:integer;
begin
  for i:=1 to 10 do
    read(a [i] );
  writeln;
  for i:=1 to 10 do
    if a [i] mod 2 <> 0 then
      write(a [i] ,' ');
  writeln;
  for i:=1 to 10 do
    if a [i] mod 2 = 0 then
      write(a [i] ,' ');
end.
```

5. 程序如下：

```pascal
program ex7_5;
var
  a:array [1..10] of string;
  i,j,k:integer;
  s:string;
begin
  for i:=1 to 10 do
    readln(a [i] );
  for i:=1 to 9 do
  begin
    k:=i;
    for j:=i+1 to 10 do
      if length(a [k] )<length(a [j] ) then
        k:=j;
    if k<>i then
    begin
      s:=a [k] ;
      a [k] :=a [i] ;
      a [i] :=s;
    end;
```

```pascal
  end;
  for i:=1 to 10 do
    writeln(a[i]);
end.
```

6. 程序如下：

```pascal
program ex7_6;
var
  s:array[1..1000] of char;
  ch:char;
  len,i,counter:integer;
  counted:boolean;
  funtion IsLetter(c:char):boolean;
begin
  IsLetter:=((s[i]>='a') and (s[i]<='z'))
          or ((s[i]>='A') and (s[i]<='Z'));
end;
begin
  len:=0;
  read(ch);
  while ch<>'*' do
  begin
    len:=len+1;
    s[len]:=ch;
    read(ch);
  end;
  counter:=0;
  counted:=False;
  for i:=1 to len do
  begin
    if IsLetter(s[i]) then
    begin
      if not counted then
      begin
        counter:=counter+1;
        counted:=True;
      end;
    end
    else
      if counted then
```

```
        counted:=False;
    end;
    writeln('Total words: ',counter);
  end.
```

7. 程序如下:

```
program ex7_7;
var
  a:array [1..20] of integer;
  i,j,k,x:integer;
begin
  write('Input 10 ordered numbers: ');
  for i:=1 to 10 do
    read(a [i] );
  for i:=11 to 20 do
  begin
    write('Input a new number: ');
    readln(x);
    j:=1;
    while (a [j] <x) and (j<i) do
      j:=j+1;
    for k:=i-1 downto j do
      a [k+1] :=a [k];
    a [j] :=x;
    for j:=1 to i do
      write(a [j] ,' ');
    writeln;
  end;
end.
```

第8章　枚举类型和子界类型

8.1　枚举类型

Pascal 语言提供了数值型、字符型、布尔型等标准数据类型，可用于表示姓名、年龄、价格、数量、真假等数据。在现实世界中，有一些特殊的数据，例如人的性别"男"和"女"，一个星期的七天"星期一"到"星期日"，一年的四季"春""夏""秋""冬"，某型号汽车可供选择的颜色"红""黄""蓝""黑"等，每种数据都有一个确定的取值范围，并且其取值可以逐一列举出来，形成一个取值列表。为了在程序中表示这样的数据，我们可以用整型数据给取值列表中的每个值分配一个编号，例如，汽车颜色可以编号为：红=0，黄=1，蓝=2，黑=3，之后，在程序中用编号来代表实际的值；我们也可以使用字符串，例如，可以定义一个字符串变量，用 Red、Yellow、Blue、Black 这 4 个值来表示 4 种颜色。但是，以上两种做法都有缺陷。整型变量不够直观，无法形象地表明每个值的含义；而字符串又无法体现出确定的取值列表，也无法用于控制循环。

Pascal 语言提供了**枚举类型**，专门用来表示这种类型的数据。"枚举"的意思就是"逐一列举"。我们将现实数据中的每一个取值定义成一个枚举值，并将这些枚举值排成一个有序的列表，就构成了一个枚举类型。枚举类型的变量可以取它所属类型的取值列表中的任意一个值。

8.1.1　枚举类型的定义

枚举类型的定义格式为：

type
　　枚举类型名=(枚举值 1,枚举值 2,枚举值 3,…,枚举值 *n*);
其中，枚举类型名和枚举值都应使用合法的标识符。

定义了枚举类型之后，就可以用枚举类型名来定义枚举变量了，其格式与定义普通变量的格式一样：

var
　　枚举变量名:枚举类型名;
例如，可以这样来定义汽车颜色类型和相应的枚举变量：

type
　　TColor=(Red,Yellow,Blue,Black);
var
　　CarColor:TColor;
其中，TColor 是我们定义的一种枚举类型，这种类型的数据可以取 Red、Yellow、Blue、

138

Black 这 4 个值中的任意一个，正如整型数据可以取-32 768 到 32 767 中任意一个一样；CarColor 是一个 TColor 类型的枚举变量。

定义枚举类型的另一种方法是直接定义枚举类型的变量，格式为：

```
var
    枚举变量名:(枚举值1,枚举值2,枚举值3,…,枚举值n);
```

例如：

```
var
    CarColor:(Red,Yellow,Blue,Black);
```

类似地，我们可以这样定义人的性别、一星期中的 7 天、一年中的四季：

```
type
    TSex=(Male,Female);
    TWeekday=(Mon,Tue,Wed,Thu,Fri,Sat,Sun);
    TSeason=(Spring,Summer,Autumn,Winter);
```

8.1.2　枚举类型的特点和用法

枚举类型的特点和用法如下：

① 枚举类型是有序类型，枚举类型中的每个枚举值都有确定的序号。Pascal 语言规定，枚举值的序号按照它们定义时的书写顺序从 0 开始排列。因此，在 TColor 类型中，Red 的序号是 0，即 Ord(Red)的值是 0，Yellow 的序号是 1，Blue 的序号是 2，Black 的序号是 3。

可用 Pred 函数求枚举型数据的前趋，用 Succ 函数求枚举型数据的后继，例如：

```
Pred(Yellow)的值为 Red,
Succ(Blue)的值为 Black。
```

显然，枚举序列中的第一个枚举值没有前趋，最后一个枚举值没有后继。如果对第一个枚举值求前趋或对最后一个枚举值求后继，会产生越界错误。

② 枚举类型的变量可以进行赋值操作，例如：

```
CarColor:=Yellow;
CarColor:=Succ(Blue);
```

③ 枚举类型是有序类型，因此可以用作循环控制变量：

```
for CarColor:=Red to Black do
    Write(Ord(CarColor));
```

上述代码将依次显示 4 个枚举值的序号：0、1、2、3。

④ 枚举类型可以用作 case 语句的选择表达式，例如：

```
case CarColor of
    Red: Writeln('The car is red.');
    Yellow: Writeln('The car is yellow.');
    Blue: Writeln('The car is blue.');
    Black: Writeln('The car is black.');
end;
```

⑤ 枚举类型可以参加关系运算，构成关系表达式。枚举值的大小关系定义为它们的序号

的大小关系，例如：

表达式 Red<Yellow 为真，因为 Ord(Red)=0，Ord(Yellow)=1；

表达式 Red<=Yellow 为真；

表达式 Blue>Black 为假；

表达式 Red=Blue 为假。

⑥ 枚举类型的数据不能直接进行输入输出操作，例如，不能这样写：

```
Readln(CarColor);
Writeln(CarColor);
```

如果要通过键盘输入来为枚举变量赋值，可以这样写：

```
var
   CarColor:(Red,Yellow,Blue);
   c:char;
begin
   read(c);
   case c of
    'r':CarColor:=Red;
    'y':CarColor:=Yellow;
    'b':CarColor:=Blue;
   end;
```

如果要向屏幕输出枚举类型的值，可以这样写：

```
   case CarColor of
   Red: writeln('RED');
   Yellow: writeln('YELLOW');
   Blue: writeln('Blue');
   end;
```

⑦ 使用枚举类型时要注意以下几点：

● 枚举值不是字符串，而是标识符，因此不需要也不允许用引号引起来。

● 同一个枚举值标识符不能出现在多个枚举类型定义中。

● 不同类型的枚举值不能相互赋值或进行运算。

8.1.3 枚举类型的实际应用

一般说来，现实问题中的枚举数据本来都可以用整型、字符型等标准数据类型来表示。使用枚举类型代替标准数据类型，可以提高程序的可读型，因此是对程序的一种优化。

例 8-1 盒子里装有红、黄、蓝、绿 4 种球。实验人员每次从盒中随机取一个球，连续取 100 次，并记录取到的球的颜色。现要求编程统计每种颜色的球出现的次数。

分析：定义一个枚举类型来表示 4 种颜色；定义一个整型数组，其下标类型是颜色枚举类型；用数组的 4 个元素充当计数器变量，分别为 4 种颜色的球进行计数。枚举型数据不能直接从键盘输入，可输入相应颜色的代码，然后再进行转换。

程序如下:

```pascal
program p8_1;
type
  TColors=(Red,Yellow,Blue,Green);
var
  a:array [Red..Green] of integer;
  color:TColors;
  i,ColorCode:integer;
begin
  for i:=1 to 100 do
  begin
    readln(ColorCode);   {代码: Red=0, Yellow=1, Blue=2, Green=3}
    case ColorCode of        {将代码转换为相应的枚举型颜色值}
      0: color:=Red;
      1: color:=Yellow;
      2: color:=Blue;
      3: color:=Green;
    end;
    a [color] :=a [color] +1; {相应颜色的计数器变量的值加 1}
  end;
  for color:=Red to Green do
  begin
    case color of {将枚举型颜色值转换为相应的字符串}
      Red: write('Red:');
      Yellow: write('Yellow:');
      Blue: write('Blue:');
      Green: write('Green:');
    end;
    writeln(a [color] ); {输出每种颜色的计数}
  end;
end.
```

程序中定义了一个数组 a，其元素分别是：a [Red]、a [Yellow]、a [Blue]、a [Green]，分别用于给红色、黄色、蓝色和绿色的球进行计数。

从这个程序可以看出，枚举类型提高了程序的可读性，同时也带来了一些麻烦。尤其是在输入输出的时候，还需要用大量的代码进行转换。这个程序的总代码量为 30 行，其中负责转换的代码就有 12 行，占总代码量的 40%。那么，我们为什么还要使用枚举类型呢？实际上，在一个大型程序中，负责输入输出的代码在总代码量中往往只占较小的比例，并且负责转换的代码还可以写成通用的函数，供各处调用；而负责实现程序主体功能的代码将占较大比例，使用枚举型变量可以提高这部分代码的可读性和可维护性。这样一来，枚举型变量的优点就

远远胜过缺点了。

8.2　子界类型

在处理人的年龄、楼房的楼层号、一年中的 12 个月份这样的数据时，可以使用整型数据。但整型数据的范围显然远远超出了实际数据的范围。如果能够在定义数据类型时限定数据的取值范围，就能使数据的含义更加明确，使越界错误更容易检查。

Pascal 语言提供了一种自定义类型——子界类型（也叫做子域类型），它依托于某种已存在的数据类型，但取值范围只是原数据类型的一部分，因此相当于原数据类型的一个"子范围"。相应的原类型叫做子界类型的宿主类型。宿主类型必须是有序类型。

8.2.1　子界类型的定义

子界类型的定义格式如下：

子界类型名=常量 1..常量 2;

其中，类型名应是一个合法的标识符；常量 1 叫做子界类型的下界，常量 2 叫做子界类型的上界，下界必须小于或等于上界。下界和上界的数据类型就是该子界类型的宿主类型，下界与上界之间的全体值就是该子界类型的取值范围。宿主类型必须是有序类型。

以下是一些正确的子界类型定义：

```
type
   TAge=0..200;  {人的年龄范围从 0 岁到 200 岁}
   TMonth=1..12;  {月份从 1 到 12}
   TScore='A'..'D';  {考试成绩分为 A、B、C、D4 个等级}
```

子界类型的宿主类型也可以是枚举类型，例如：

```
type
   TWeekdays=(Mon,Tue,Wed,Thu,Fri,Sat,Sun);
   TWorkdays=Mon..Fri;
```

其中，TWeekdays 类型表示一星期中的 7 天，TWorkdays 表示其中的 5 个工作日。

定义子界类型之后，就可以用这些类型标识符来定义子界类型的变量，例如：

```
var
   Age:TAge;
   Month:TMonth;
   Day:TWorkdays;
```

也可以不定义枚举类型标识符，直接定义子界类型的变量：

```
var
   Age:0..200;
   Day:Mon..Fri;
```

8.2.2　子界类型的使用

子界类型数据的使用方法与其宿主类型数据的使用方法基本相同，只是不允许超出定义的范围。当"范围检查"功能处于开启状态时，如果子界类型的数据发生越界，系统会立即终止程序，并给出错误提示；当"范围检查"功能处于关闭状态时，系统不会检查越界错误，此时的子界类型数据可能取得超出范围的值。因此，可在调试时开启"范围检查"功能，在调试完成、确认程序无误后关闭"范围检查"功能。

　　子界类型数据的性质主要取决于其宿主类型。整型的子界类型可以直接输入输出，可以构成算术表达式和关系表达式，参加算术运算和关系运算；字符型的子界类型可以直接输入输出，可以构成关系表达式，参加关系运算；布尔型的子界类型可以构成关系表达式和逻辑表达式，参与关系运算和逻辑运算。任何一种子界类型都可以与其他兼容的数据类型进行相互赋值。

　　下面这个程序演示了子界类型的一些操作：

```
program p8_2;
var
  a:integer;
  b:-100..100;
  c:10..30;
  d:char;
  e:'1'..'5';
  f:boolean;
  g:False..True;
begin
  a:=20;
  b:=a;        {a 的值 20 在 b 的许可范围内}
  c:=b;        {b 的值 20 在 c 的许可范围内}
  a:=b+c;        {b 与 c 构成算术表达式，其值在 a 的许可范围内}
  d:='2';
  e:=d;        {d 的值'2'在 e 的许可范围内}
  d:=succ(e);        {e 与 succ 函数构成表达式，其值'3'在 d 的许可范围内}
  f:=a>b;        {a 与 b 构成逻辑表达式，其值 True 在 f 的许可范围内}
  g:=not f;        {f 与 not 构成逻辑表达式，其值 False 在 g 的许可范围内}
end.
```

▪▪▪▪▶ 习题 8

　　1. 扑克牌的点数分别是 A、2、3、4、5、6、7、8、9、10、J、Q、K，现要求定义一个枚举类型来表示扑克牌的点数。

　　2. 指出下面程序中的错误。

```
program ex8_1;
type
  Months=(1,2,3,4,5,6,7,8,9,10,11,12);
```

```
Color1=(Red,Yellow,Blue,Brown,Black);
Color2=(White,Green,Black);
TVSize=('14','20','25','29','34','40');
Lower='a'..'z';
Upper='A'..'Z';
All='a'..'Z';
var
c1:Color1;
c2:Color2;
ch:Lower;
begin
c1:='Blue';
c2:=succ(White);
ch:=pred('a');
end.
```

▶ 习题 8 参考答案

1. 枚举值必须是合法的标识符，因此不能直接使用数字。为表明这些标识符是扑克牌的点数，可加上一个前缀 cr。例如：

TCard=(crA,cr2,cr3,cr4,cr5,cr6,cr7,cr8,cr9,cr10,crJ,crQ,crK);

在实际编程中，为提高程序的可读性，可为同类型的枚举值加上同一个前缀。

2. （1）Months 中的枚举值不是合法标识符；

（2）Color2 中定义的 Black 与 Color1 中的 Black 重复；

（3）TVSize 中的枚举值不是合法标识符；

（4）All 中的下界大于上界；

（5）语句 c1:='Blue'中，c1 是枚举类型，而'Blue'是字符串类型；

（6）语句 ch:=Pred('a')中，Pred('a')超出了 ch 的取值范围。

第9章 集合和记录

9.1 集合类型

集合是具有共同性质的一组数据构成的整体，集合中的数据叫做集合元素，简称元素。例如，10 以内的所有质数构成一个集合，它包括 2、3、5、7 共 4 个元素，其共同性质是：是质数并且不大于 10。不包括任何元素的集合叫做空集。

集合有以下基本性质：

① 元素唯一性：集合中不存在重复的元素，即每个元素都是唯一的。

② 元素无序性：集合中的元素是没有排列顺序的。

Pascal 语言提供了一种自定义数据类型——集合类型，可以用来表示集合数据。Pascal 语言的集合类型有以下限制：

① 集合的元素必须是有序类型的数据。

② 集合的元素数目不能超过 256 个。

与其他自定义类型一样，集合类型在使用前必须进行定义。

9.1.1 集合的定义

集合类型的定义格式为：

type
　　集合类型名=**set of** 基类型；

其中，类型名应是一个合法的标识符；基类型是集合中的元素的类型，它必须是有序类型或有序类型的子界类型，元素的序号范围必须在 0 到 255 之间。

下面的是一些正确的集合定义：

type
　　T1=**set of** 1..5; {基类型是子界类型，元素范围是 1 到 5 的整数}
　　T2=**set of** char; {基类型是字符型，元素范围是全体字符}
　　T3=**set of** (White,Red,Blue,Black); {基类型是枚举类型}

定义了集合类型之后，就可以用类型标识符来定义变量了。定义集合变量的格式为：

var
　　变量名:集合类型名；

这样定义的变量就是一个集合变量，在程序中表示一个集合。例如：

var
　　a:T1;

Pascal 语言中允许将集合类型描述和变量定义合并在一起，其格式为：

```
var
    变量名:set of 基类型;
```
例如:
```
var
    a:set of 1..5;
```
以下集合定义是错误的:
```
type
    T1=set of integer;      {整型的元素超过了 256 个}
    T2=set of -30..-20;      {元素序号超出了 0~255 范围}
    T3=set of real;       {实型不是有序类型}
```

9.1.2　集合的表示

在 Pascal 语言中,集合是通过列举集合元素的方法来表示的。其格式为:
　　〔元素 1,元素 2,元素 3,…,元素 n〕
例如,"10 以内的质数的集合"可以表示为〔2,3,5,7〕。
也可以使用子界形式来列举元素,例如,"30 以内的合数集合"可以表示为:
　　〔4,6,8..10,12,14..16,18,20..22,24..28,30〕。
空集记作〔〕。
集合中各元素的书写顺序不会影响集合的值,例如,〔1,2〕和〔2,1〕表示的是同一个集合。集合中重复书写的元素也不会影响集合的值,例如〔1,2,2〕和〔1,2,1,2,1〕所表示的集合实际上就是〔1,2〕。
使用这种表示方法时,元素可以用常量表示,也可以用变量表示。若 x 是一个整型变量,值为 5,则以下的集合是合法的:
　　〔1,2,3,4,x,6〕
　　〔3,x-1,x,x+1,7〕

9.1.3　集合的操作

(1)集合类型的数据可以进行赋值。例如:
```
var
    a:set of 0..255;
begin
    a:=〔2,3,5,7〕;
```
(2)集合类型的数据不能用 read 和 write 语句直接输入输出。如果需要输入或输出集合的元素,必须借助集合的运算来实现。
　　例 9-1　从键盘上输入 10 个数,添加到集合中,然后输出集合的全部元素。
　　程序如下:
```
program p9_1;
var
    s:set of 0..255;
```

```
     i:integer;
     a,b:0..255;
  begin
     s:=[];            {首先将集合 s 置空}
     for i:=1 to 10 do
     begin
       read(a);            {读数}
       s:=s+[a];              {添加到集合 s 中}
     end;
     for b:=0 to 255 do          {依次判断集合元素的取值范围内的每一个值}
       if b in s then          {若 s 中包含元素 b}
         write(b,' ');          {输出元素 b}
  end.
     输入：6 2 8 5 6 6 3 9 5 8
     输出：2 3 5 6 8 9
```

（3）元素与集合之间可以进行"属于"运算，运算符为 in，运算结果为布尔值。对于一个元素 x 和集合 A，若 x 是 A 的元素，则称"x 属于 A"，表达式 x in A 的值为真；若 x 不是 A 的元素，则称"x 不属于 A"，表达式 x in A 为假。例如：

　　　表达式"1 in [1,2,3]"为真

　　　表达式"1 in [2,3,4]"为假

（4）集合之间可以进行"并"、"差"、"交"三种集合运算。

① 并运算（运算符为"+"）。

集合 A 与集合 B 进行并运算，所得结果仍是一个集合，其元素为属于 A 或属于 B 的全部元素。所得的集合叫做两个元素的**并集**。例如：

　　　[1,2] + [5,6,7] = [1,2,5,6,7]

　　　[1,2] + [1,2,3,4] = [1,2,3,4]

② 差运算（运算符为"-"）。

集合 A 与集合 B 进行差运算，所得结果仍是一个集合，其元素为属于 A 且不属于 B 的全部元素。所得的集合叫做两个元素的**差集**。例如：

　　　[1,2,3] - [2] = [1,3]

　　　[1,2,3] - [4] = [1,2,3]

　　　[1,2,3] - [] = [1,2,3]

③ 交运算（运算符为"*"）。

集合 A 与集合 B 进行交运算，所得结果仍是一个集合，其元素为属于 A 且属于 B 的全部元素。所得的集合叫做两个集合的**交集**。例如：

　　　[1,2,3] * [2,3,4] = [2,3]

　　　[1,2,3] * [4,5] = []

（5）集合之间可以进行"相等"和"包含"两种关系运算，运算结果为布尔值。

① 相等（运算符为"="）。

若两个集合的所有元素都相同，则这两个集合是相等的。例如：

表达式"[1,2] = [1,2]"为真，

表达式"[1,2] = [1,3]"为假。

② 包含（运算符为">="和"<="）。

若集合 B 的所有元素都是集合 A 中的元素，则有 $A>=B$，即 $B<=A$。例如：

表达式"[1,2,3] >= [1,2]"为真，

表达式"[1,2] >= [1,2,3]"为假。

9.1.4 集合的应用

例 9-2 设集合 a=[2,3,5,7,8]，b=[1..5]，c=[3,4,5,7,9]，求 $a*b-c$。

解：$a*b$=[2,3,5,7,8] * [1,2,3,4,5] = [2,3,5]

$a*b-c$=[2,3,5] – [3,4,5,7,9] = [2]

例 9-3 给定两个集合，求它们的并集、差集和交集，并将结果显示出来。

分析：此程序中需要执行 3 次"显示集合"操作，因此可定义一个显示集合的过程。

程序如下：

```pascal
program p9_2;
type
  Ts=set of 1..100
var
  s1,s2:Ts;
procedure WriteSet(s:Ts);
var
  i:1..100;
begin
  for i:=1 to 100 do
    if i in s then
      write(i,' ');
    writeln;
end;
begin
  s1:=[1,2,3,7];
  s2:=[3,4,5,7,9];
  write('s1+s2=');
  writeSet(s1+s2);          {计算并显示并集}
  write('s1-s2=');
  writeSet(s1-s2);          {计算并显示差集}
  write('s1*s2=');
  writeSet(s1*s2);          {计算并显示交集}
end.
```

程序的运行结果为:

```
s1+s2=1 2 3 4 5 7 9
s1-s2=1 2
s1*s2=3 7
```

例 9-4　用筛选法求 200 以内的质数。

分析: 筛选法是比较常用的求质数的算法之一, 适用于求 2 到一个给定的上限 n 之间的全体质数。其基本思想是:

(1) 设立一个 2 到 n 之间的全体整数的集合 s, 作为筛选的"原材料";

(2) 设立一个集合 $s1$, 用于存放筛选出来的质数, 其初始状态为空;

(3) i 从集合 s 中最小的质数 2 开始;

(4) 先将 i 添加到 $s1$ 中, 然后将 i 的所有整倍数 (包括 i 本身) 从 s 中删除, 此时 s 中剩下的最小元素 x 一定是与 i 紧邻的质数;

(5) 通过循环累加的方法, 将 i 更新为 x;

(6) 重复执行第 4、5 步, 直到 s 中已没有元素为止。此时, $s1$ 中存放的就是筛选出来的 2 到 n 之间的全体质数。

程序如下:

```pascal
program p9_3;
var
  s,s1:set of 2..200;
  i,j:2..200;
begin
  s:=[2..200];          {s 最初是 2 到 200 之间的全体整数的集合}
  s1:=[];               {s1 用于存放筛选出来的质数,最初为空集}
  i:=2;
  repeat
    if i in s then
    begin
      s1:=s1+[i];          {将 i 添加到 s1 中}
      for j:=i to 200 do
        if j mod i=0
          then s:=s-[j];          {删除 i 的所有整倍数}
    end;
    i:=i+1;          {将 i 逐次加 1}
  until s=[];          {直到将 s 中全部元素筛选完毕}
  for i:=2 to 200 do
    if i in s1
      then write(i:4);          {将选出的质数逐一输出}
end.
```

9.2 记录类型

计算机中的数据类型都是根据现实需求引入的。为了表示数值数据，我们引入了整型和实型；为了表示文本数据，我们引入了字符和字符串类型；为了表示同类的一组数据，我们引入了数组类型。在现实问题中，还有一些数据对象是由不同类型的数据项组成的整体，例如图书馆的一张图书卡片：

> 书名：Delphi 程序员手册
> 作者：江雪舟
> 定价：38.50 元
> 页数：520 页

其中，书名和作者是不同长度的字符串类型，定价是实型，页数是整型。我们可以用 4 个单独的变量来表示这些数据，但无法体现出它们的关系，也无法整体进行操作。

为了表示这样的数据，我们可以使用 Pascal 语言提供的记录类型。记录（Record）是由一组不同类型的数据项构成的整体，记录中的数据项叫做记录的域（Field）。例如，一张图书卡片可以看成一个记录，它包含 4 个域，分别是书名、作者、定价和页数。在某些场合，域也叫做字段。记录类型是一种自定义类型，在使用之前需要先进行定义。

9.2.1 记录的定义

记录类型的定义格式为：

```
type
  类型名=record
    域名 1:类型 1;
    域名 2:类型 2;
    ⋮
    域名 n:类型 n;
  end;
```

其中，记录的类型名和各个域名都应为合法的标识符；域的数据类型可以选用 Pascal 的标准数据类型，也可以选用自定义数据类型。一个记录可以包含一个或多个域。

图书卡片可以用下面这个记录类型来表示：

```
type
  TBookCard=record
    Title:string[80];
    Author:string[40];
    Price:real;
    Pages:integer;
  end;
```

这样，我们就定义了一个名为 **TBookCard** 的记录类型，它包括 4 个域，分别是 Title、Author、Price 和 Pages。

定义了记录类型之后，就可以用记录类型名来定义记录变量了，其格式与定义其他变量的格式相同：

```
var
    变量名:记录类型名;
```

例如，我们可以定义一个图书卡片类型的记录变量：

```
var
    Card1:TBookCard;
```

也可以将类型描述和记录变量定义合并在一起，其格式为：

```
var
    变量名:record
      域名 1:类型 1;
      域名 2:类型 2;
      ⋮
      域名 n:类型 n;
    end;
```

例如，用于表示图书卡片的变量可直接定义为：

```
var
    Card1:record
      Title:string[80];
      Author:string[40];
      Price:real;
      Pages:integer;
    end;
```

9.2.2 记录的应用

一个记录相当于一个容器，它包含若干个域，数据存储在各个域中。在使用记录时，我们实际使用的就是记录中的各个域。

引用域的格式为：

记录.域名

例如：

Card1.Title 表示记录 Card1 中的 Title 域。

记录中的每个域都相当于一个相应数据类型的变量，可以对其进行相应数据类型所允许的运算和操作。

对于上面定义的记录型变量 Card1，我们可以这样使用它的域：

```
readln(Card1.Title);
write('书名：',Card1.Title);
if Card1.Page>1000 then
```

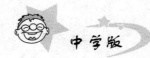

```
write('这本书超过了 1000 页');
```
```
write('平均每页的价格是: ',Card1.Price/Card.Pages:6:2);
```

例 9-5　一份成绩单包括学号、姓名、性别和成绩这 4 项内容。现要求用记录类型来表示成绩单，从键盘输入一份成绩单，再将其显示出来。

分析：学号可使用长整型，姓名可使用字符串型，性别可使用枚举型，成绩可使用实型。输入性别时，可用 0 代表男，1 代表女。

程序如下：

```pascal
program p9_4;
type
  TScoreSheet=record
    Num:integer;
    Name:string;
    Sex:(Male,Female);
    Score:real;
  end;
var
  Sheet1:TScoreSheet;
  SexCode:0..1;
begin
  readln(Sheet1.Num);        {读入学号}
  readln(Sheet1.Name);       {读入姓名}
  readln(SexCode);           {读入性别代码}
  case SexCode of            {根据性别代码设定性别}
    0:Sheet1.Sex:=Male;
    1:Sheet1.Sex:=Female;
  end;
  readln(Sheet1.Score);      {读入成绩}
  writeln('Num:',Sheet1.Num);        {输出学号}
  writeln('Name:',Sheet1.Name);      {输出姓名}
  case Sheet1.Sex of {间接输出性别}
    Male:writeln('Sex:Male');
    Female:writeln('Sex:Female');
  end;
  writeln('Score:',Sheet1.Score:5:2);        {输出成绩}
end.
```

在以上例子中，我们只定义了单个的记录变量，用于表示一张图书卡片或一份成绩单。但是，在现实问题中，记录类型的数据往往是成批出现的。例如，一个班级如果有 50 名学生，就需要有 50 份成绩单。为了处理这样的数据，我们可以使用由记录构成的数组。

基类型为记录类型的数组叫做记录数组。记录数组是编程中经常用到的一种复合数据类型。记录数组的每个元素都是记录，这种下标变量形式的记录与简单变量形式的记录没有本质区别，使用方法也完全相同。

例 9-6 编写一个通讯录程序，从键盘接收 10 个人的资料，然后显示出来。格式见表 9-1：

表 9-1　通讯录

序号	姓名	电话号码	地　　址
1	张帆	68385016	红桥区海洋公寓 16 单元 301 房间
2	赵蕾	138328019990	凌河区体育馆路 168 号
3	刘帅	86189288	龙泉大厦 2103 房间
4	孙阳	136986810880	紫金山路 336 号 405 房间

分析：通讯录表格可以用一维记录数组来表示。数组的每个元素是一个记录，对应着通讯录中的一整行；记录的每一个域对应着这一行中的一个项目。序号域采用整型；姓名域、电话号码域和地址域采用字符串型。

程序如下：

```
program p9_5;
const
  N=10;                {使用符号常量,便于扩展程序}
type
  TDirRec=record           {每个人的资料是 1 条记录}
    Num:integer;
    Name:string[30];
    Tele:string[20];
    Addr:string[100];
  end;
  TDir=array[1..N] of TDirRec;           {通讯录共有 N 条记录}
var
  Dir:TDir;
  i:integer;
begin
  for i:=1 to N do         {循环读入 N 条记录}
  begin
    Dir[i].Num:=i;          {为每条记录分配一个序号}
    write('Input name: ');
    readln(Dir[i].Name);        {读入姓名}
    write('Input telephone number: ');
    readln(Dir[i].Tele);         {读入电话号码}
    write('Input address: ');
    readln(Dir[i].Addr);         {读入地址}
```

```
    end;
    for i:=1 to N do          {循环输出 N 条记录}
    begin
      writeln('No.',Dir[i].Num);        {输出序号}
      writeln(Dir[i].Name);          {输出姓名}
      writeln(Dir[i].Tele);          {输出电话号码}
      writeln(Dir[i].Addr);          {输出地址}
    end;
  end.
```

9.2.3 开域语句（with 语句）

在程序中，我们经常集中使用同一个记录的各个域。例如：

```
Card1.Title:='Delphi 程序员手册';
Card1.Author:='江雪舟';
Card1.Price:=38.5;
Card1.Pages:=520;
```

这时，就要将记录的名字重复书写多次。能否为一段代码中的多个域统一指定记录呢？Pascal 语言提供了"开域语句"，可以实现这个功能。开域语句的格式如下：

with 记录 **do** 语句;

其中，with 后面指定了一个确定的记录，do 后面的语句可以直接引用该记录中的域，无须再指明记录。do 后面的语句可以是简单语句，也可以是复合语句。

上述程序可用开域语句改写为：

```
with Card1 do
begin
  Title:='Delphi 程序员手册';
  Author:='江雪舟';
  Price:=38.5;
  Pages:=520;
end;
```

可以看出，使用开域语句之后，程序就比较简洁了。

习题 9

1. 指出下列集合定义中哪些是正确的，哪些是错误的。
   （1）s=**set of** integer;
   （2）s1=**set of** (spring,summer,autumn,winter);
   （3）s2=**set of** char;
   （4）s4=**set of** 200..300;

2. 将下面的记录定义补充完整。

```
type
  student=_____
    name:string[20];
    age:1..20;
    _____;
```

3. 写出程序的运行结果。

```
program ex9_7;
var
  s1,s2,s3:set of 0..9;
  i:0..9;
begin
  s1:=[0..9];
  s2:=[1,3,5,7];
  s3:=s1-s2;
  for i:=0 to 9 do
    if i in s3 then
      write(i:3);
end.
```

4. 输入一串小写英文字母，显示串中出现过的所有字母组成的集合。

5. 输入 5 个学生的学号和成绩，输出 5 个人的平均分和每人的成绩与平均分的差。

6. 输入 n 个数（n<=300），按降序排列，然后输出，并标出它们的输入次序。

习题 9 参考答案

1. （1）错　（2）对　（3）对　（4）错
2. record　　end
3. 0 2 4 6 8 9
4. 程序如下：

```
program ex9_2;
var
  s:set of 'a'..'z';
  ch:char;
  i:integer;
begin
  s:=[];
  read(ch);
  while ch in ['a'..'z'] do
  begin
```

```pascal
      s:=s+[ch];
      read(ch);
    end;
    for ch:='a' to 'z' do
      if ch in s then
        write(ch,' ');
  end.
```

5. 程序如下：

```pascal
program ex9_3;
type
  student=record
    number:integer;
    score:real;
  end;
var
  s:array [1..5] of student;
  ave:real;
  i:integer;
begin
  ave:=0;
  for i:=1 to 5 do
  begin
    read(s[i].number,s[i].score);
    ave:=ave+s[i].score/5);
  end;
  writeln('the average is :',ave:6:2);
  for i:=1 to 5 do
    write(s[i].number:6,s[i].score-ave);
end.
```

6. 程序如下：

```pascal
program ex9_4;
type
  data=record
    data1:integer;
    spot:integer;
  end;
var
  s:array [1..300] of data;
  n,i,j:integer;
```

```
    temp:data;
begin
  read(n);
  for o:=1 to n do
  begin
    read(s [i] .data1);
    s [i] .spot:=i;
  end;
  for i:=1 to n-1 do
    for j:=i+1 to n do
      if s [i] .data1<s [j] .data1 then
      begin
        temp:=s [i] ;
        s [i] :=s [j] ;
        s [j] :=temp;
      end;
  for i:=1 to n do
    write(s [i] .data1:6,s [i] .spot:6);
end.
```

第10章 指 针

数据结构分为两类：静态数据结构和动态数据结构。

前面介绍的数组、记录和集合都属于静态数据结构。其特点是：变量定义后，Pascal 系统自动为变量分配内存空间，在程序执行过程中内存空间保持不变。例如：利用数组 a 存储数据，事先不能确定数组元素的数目，若定义 a:array[1..100] of integer;，则数组 a 就占用了 2*100 个字节的内存空间，而在程序执行过程中可能只使用了部分数组元素，这样就会造成容量的浪费。另外，当需要在已赋值数组的某个位置插入（或删除）一个数据时，会造成众多数据的后移（或前移），加大了算法的复杂度。

为了弥补静态数据结构的上述不足，Pascal 系统引入了指针变量。指针变量属于动态数据结构。动态数据结构与数组不同，它不需要固定的存储空间，在程序执行时，可以根据数据的存储需要来扩充或缩减。动态数据结构既能方便地插入新数据（只需建立一个新的结点），又能方便地删除某个数据（即去掉某个结点），然后改变相邻数据结点之间的联系就可以了，不会造成大量数据的频繁移动。本章先来认识指针变量，然后介绍一个简单的动态数据结构——链表。

10.1 指针变量

类似于学校的每一个教室都有班级编号，计算机内存中的每一个存储单元也都有一个整数编号，称为该存储单元的地址。存储单元里存放的数据可以根据该存储单元的地址写入或读出。同时"地址"本身被存储到另一个存储单元中。这样，两个存储单元之间就建立了一种联系。

例如：变量 p 是一个存储地址的变量，其自身的地址是 100；变量 q 是一个存储整数 30 的变量，其地址是 150，从 p 的内部画一个箭头指向 q，如图 10-1 所示。p 称为指针变量（简称为指针）。指针变量中存放的是变量 q 的地址，通过这个地址可以找到 q 中的数据 30，即指针变量的值是结点在内存中的地址。

图 10-1 指针变量示意

指针箭头所指变量 q 存储的数据类型称为指针变量的基类型。指针变量的基类型可以是除文件类型以外的其他数据类型。

10.1.1 指针变量的定义

指针变量有两种定义方法：

格式 1：

type

  指针类型标识符＝ˆ 基类型标识符；

var

  指针变量名：指针类型标识符；

这种定义法是先定义指针类型标识符的类型，再定义指针变量的类型。

例如：

type

 p=ˆinteger;

var

  p1,p2:p;

先定义了一个指针变量 p，指向整型变量。然后定义了两个 p 类型的变量 p1 和 p2，它们的值分别是存储单元的地址，而存储单元恰好能存放一个整型数据。

将类型说明和变量说明合并，形成指针的第二种定义，即

格式 2：

var

  指针变量名：ˆ 基类型标识符；

上例也可以定义如下：

var

  p1,p2：ˆinteger;

10.1.2　指针变量的基本操作

1. 新建存储地址

指针变量定义（例：var p:^integer;）后，仅能说明 p 是整型的指针变量，并没有为指针变量 p 分配存储地址。Psacal 系统通过调用标准过程 new 完成这个工作。

格式：new（指针变量）；

例如：new（p）；

功能：分配一个存放数据的存储单元，并把该存储单元的地址赋给指针变量 p。

注意：一个指针变量只能存放一个地址。如果程序再次执行 new（p）语句，将在内存中开辟另外一个新的存储单元，并将其地址放在 p 中，从而丢失了原存储单元的地址。

2. 释放存储单元

为了节省内存空间，系统通过标准过程 dispose 释放不再使用的存储单元，。

格式：dispose（指针变量）；

例如：dispose（p）；

功能：释放指针变量 p 所指向的存储单元，使指针变量的值取 nil（空指针值），即指针不指向任何变量。

3. 指针变量的引用

利用 new 过程可以将一个存储单元的地址值赋给一个指针变量，通常我们并不需要了解这个地址值，而真正关心的是该指针变量所指向的存储单元的数据。

格式：（指针变量）^ := 数据；

例如：p^:=2;

功能：在指针变量 p 所指向的存储单元中，存储的数据是 2。

注意：在利用 Pascal 指针变量编程时，对于变量 p 和指针变量 p^都可以用赋值语句赋值，但是效果是截然不同的。前者赋给的是地址值，可以确定指针 p 的指向；后者赋给的是数据，即 p 所指向的存储单元的内容。

例如：p 和 q 都是整型指针变量，执行语句 p:=q;是将 q 的值（q 所指向存储单元的地址）赋给变量 p，这样变量 p 和 q 都同时指向 q 所指向的存储单元，如图 10-2 所示：

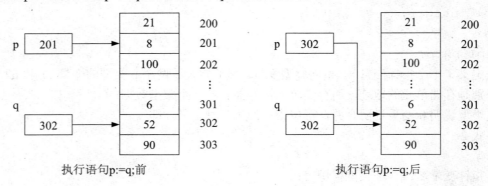

图 10-2　变量 p 赋值

执行语句 p^:=q^;是将 q 所指向的存储单元的数据存放到 p 所指向的存储单元中。这样 p 和 q 虽然指向不同的存储单元，但两个存储单元的数据是相同的，如图 10-3 所示：

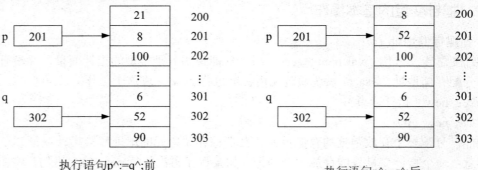

图 10-3　变量 p^赋值

当程序不需要指针变量 p 指向任何存储单元，可以对指针变量赋值为 nil，即赋值为：
p:=nil;

任何类型的指针变量都可以被赋值为 nil。

例 10-1　为两个整型指针变量赋值，然后输出。

```pascal
program p10_1;
var
p,q:^integer;          {定义整型指针变量 p、q}
begin
```

```
new(p);        {新建存储单元，把地址赋给指针变量 p}
new(q);
p^:=1;         {指针 p 指向存储单元的数据是 1}
q^:=5;
write(p^,' ',q^);        {输出指针 p、q 所指向存储单元的数据}
  end.
```

这个例题是作为指针变量的示例，当然，对此题不用指针变量编程会更简洁些。

10.2　链　表

利用前面介绍的指针变量可以构造一个简单而实用的动态数据结构——链表。

如图 10-4 所示是一个简单链表的结构示意图：

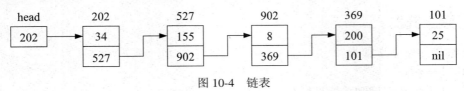

图 10-4　链表

在这个链表中，每个框表示链表的一个元素，称为结点。第 1 个结点称为表头 head，框内的数字 202 表示表头的地址。后面的每个结点有两个域。第一个域是数据域（存放数据），第二个域是指针域（存放下一个结点的地址）。框上面的数字表示该存储单元的地址。例如：第 2 个结点的数据域中存放数据 34，指针域中存放第 3 个结点的地址 527，框上面的数字 202 表示这个存储单元的地址编号。链表的最后一个结点称为表尾。

指向表头的指针（head）称为头指针，当头指针 head 为 nil 时，称为空链表。表尾结点的指针域不指向任何结点，指针域值为空（nil），用来表示表的结束。

从图 10-4 中可以看出，链表的特点是除表头和表尾外，每一个结点都有一个直接的前趋结点和一个直接的后继结点。相邻结点的地址可以互不连续，它们靠指针域相互联系。

10.2.1　链表的定义

链表中的每个结点要定义成记录型，例如：

```
type
    pt=^node;               {pt 变量取值为指向类型为 node 的记录变量的存储地址}
    node=record             {记录变量的定义}
        data:integer;       {数据域类型}
        next:pt             {指针域类型}
      end;
var p1,p2:pt;
```

上面定义了两个指针变量：p1 和 p2，其基类型为 node。node 是一个自定义记录类型，有两个域：数据域 data，类型为整型；指针域为 next，类型为 pt 型。在这种定义中，指针中有记录，记录中有指针，形成一种递归的关系。

如果在上述结点定义后，程序中出现如下语句：

```
new(p1);new(p2);        {新建两个存储单元}
p1^.data:=100;      {指针变量 p1 所指存储单元的数据域赋值为 100}
p1^.next:=p2;       {将指针变量 p2 所指存储单元的地址赋予 p1 的指针域}
```

这样就将两个独立的存储单元通过指针域连接起来，此时链表中这两个结点的状态如图 10-5 所示。

图 10-5　链接 2 个结点

链表的基本操作有建立链表、插入结点与删除结点等，下面分别进行介绍。

10.2.2　建立链表

一个链表的建立步骤为：

① 申请新结点；

② 为结点的数据域和指针域赋值；

③ 将结点链接到表中的某一位置。

例 10-2　建立一个有 10 个结点的链表，输出该链表。

算法：从表头开始建立链表。先利用指针 p1 构造头结点，为头结点申请存储单元后，为其数据域赋值，令头指针 h 指向头结点的指针域。为第 2 个结点申请存储单元，为其数据域赋值，将指针 p2 所指存储单元的地址赋给 p1 所指的头结点的指针域，这样就将头结点和第 2 个结点链接成具有 2 个结点的链表。然后，将指针 p2 的值（p2 所指向存储单元的地址）赋给指针 p1，为第 3 个结点申请存储单元，再让指针 p2 指向第 3 个结点，继续为它的数据域和指针域赋值，将第 3 个结点链接到链表之中。以此类推，利用两个指针 p1 和 p2，交替向后移动，直到第 10 个结点（尾结点）链接到链表上为止。完成链表的建立后，再从表头依次输出各结点的数据（即数据域的值）。

程序如下：

```
program p10_2 (input, output);
type
  pt=^node;                 {定义结点类型和指针变量}
  node=record
       data:string[5];
       next:pt;
     end;
var
  p1,p2,h:pt;
  i:integer;
begin
```

```
new(p1);                      {指针 p1 指向头结点，申请存储单元}
writeln('input data1:');
readln(p1^.data);            {为头结点的数据域赋值}
h:=p1;                       {将 p1 所指向存储单元的地址赋给头指针变量 h}
for i:=1 to 9 do             {循环产生 9 个新结点，每个结点都接在上一个结点之后}
  begin
    new(p2);
    writeln('input data');
    readln(p2^.data);        {为结点的数据域赋值}
    p1^.next:=p2;            {令指针 p1 指向 p2 所指向的结点}
    p1:=p2                   {将 p2 所指向存储单元的地址赋给 p1}
  end;
p2^.next:=nil;               {最后一个结点的指针域赋空值}
p1:=h;                       {p1 指向头结点}
while p1 <>nil do            {输出链表中结点的数据域值}
  begin
    write(p1^.data,'->');
    p1:= p1^.next                {将 p1 指针移到下一个结点}
  end
end.
```

在输出链表时，将表头 h 作为 p1 的初值，输出 p1 所指结点的数据域，然后将 p1 指针移到下一个结点，再输出其数据，直到 p1 为 nil 时停止输出。这个过程称为链表的遍历。

常用的链表有两种。一种是先进先出链表（或称队）。此种链表按照输入数据的顺序建立。先输入的数据位于表首，后输入的数据位于其后。输出时按从表首到表尾的顺序进行，正好与输入顺序一致，所以称为先进先出链表。这和我们日常生活的排队是一致的，最早进入队列的元素最早离开。若先进先出链表中的元素是按照 a_1，a_2，a_3，…a_n 的顺序输入的，输出时也只能按照这个次序依次输出。图 10-6 是先进先出链表的示意图。

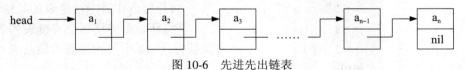

图 10-6　先进先出链表

另一种是先进后出链表（或称栈）。此种链表后输入的数据放在先一个输入的数据之前。这样，最先输入的数据位于表尾，最后输入的数据位于表首。输出时按从表首到表尾的顺序正好与输入顺序相反，所以称为先进后出链表。若先进后出链表中的元素是按照 a_1，a_2，a_3，…a_n 的顺序输入的，输出时顺序正好相反，依次是 a_n，a_{n-1}，…a_3，a_2，a_1。图 10-7 是先进后出链表的示意图。

图 10-7　先进后出链表

例 10-3 读入一组非负整数，以负数为输入的结束标志，建立先进先出的链表并输出。

```pascal
program p10_3(input,output);
type                        {定义结点类型和指针变量}
  pt=^node;
  node=record
       data:integer;
       next:pt
end;
var
  h,p1,p2:pt;
  x:integer;
begin
  h:=nil;          {从空链表开始，头指针置 nil}
  read(x);         {读入第一个数}
  while x>=0 do          {链接非负整数}
    begin
      if h=nil          {判定头结点}
        then begin          {建立头结点}
             new(p1);          {申请头结点地址}
             p1^.data:=x;          {为头结点的数据域赋值}
             p1^.next:=nil;          {作为当前链表的尾结点}
             p2:=p1;          {指针 p2 指向当前链表(即 p1 所指)的尾结点}
             h:=p1          {指针 h 指向当前链表的尾结点}
           end
        else begin
             new(p1);          {申请新结点地址}
             p1^.data:=x;          {为新结点的数据域赋值}
             p1^.next:=nil;          {新结点作为当前链表的尾结点}
             p2^.next:=p1;          {将新结点链接到已有链表的表尾}
             p2:=p1          {调整指针 p2 指向新链表的尾结点}
           end;
      read(x);          {读入下一个数}
    end;
  p1:=h;                  {输出链表}
  while p1<>nil do
    begin
      write(p1^.data:5);          {输出链表中结点的数据域值}
      p1:=p1^.next          {将 p1 指针移到下一个结点}
    end;
```

```
writeln
    end.
```

例 10-4 读入一组实数，以负数为停止标志，建立先进后出的链表并输出。

分析：建立先进后出链表应将读入的第一个数放在表尾，以后读入的数每次都链接到表首。

程序如下：

```
program p10_4(input,output);
 type                        {定义结点类型和指针变量}
   pt=^node
   node=record
        data:real;
        next:pt
      end;
 var
   h,p:pt;
   x:real;
 begin
   p:=nil;            {初始准备}
   read(x);           {读入第一个数}
   while x>=0 do
     begin
       new(h);           {建立一个新结点}
       h^.data:=x;
       h^.next:=p;         {链接到当前链表的表首}
       p:=h;            {调整指针p指向当前链表的表首}
       read(x);          {读入下一个数}
     end;
   while p<>nil do      {输出链表}
     begin
       write(p^.data:5:1);
       p:=p^.next            {将p指针移到下一个结点}
     end;
   writeln
 end.
```

10.2.3 插入结点

在链表中插入结点，当确定插入位置后，只需要给相应的指针重新赋值，不必移动链表中的其他元素，这比静态数据结构（例如：数组）的处理要简捷。下面分三种情况进行介绍。

1. 插入表头

为了在如图 10-8 所示的链表中，将 q 所指的结点插入到表头，需执行下列语句：

```
q^.next:=h;          {将头指针 h 所指存储单元的地址赋给 q}
h:=q;                {将指针变量 q 所指存储单元的地址赋给 h，使 h、q 同指向}
```

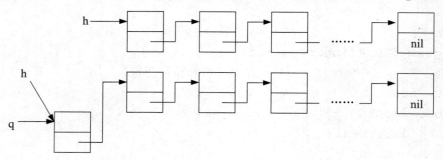

图 10-8　结点插入表头

2. 插入表中

为了在如图 10-9 所示的 p1 所指结点和 p2 所指结点之间插入 q 所指的结点，需执行下列语句：

```
p1^.next:=q;         {将指针 q 所指存储单元的地址赋予 p1}
q^.next:=p2;         {将指针 p2 所指存储单元的地址赋予 q}
```

图 10-9　结点插入表中

3. 插入表尾

为了在如图 10-10 所示链表的表尾插入 q 所指的结点，需执行下列语句：

```
p2^.next:=q;         {将指针 q 所指存储单元的地址赋予 p2}
q^.next:=nil;        {指针 q 的地址域赋空值}
```

例 10-5　在一个有序链表中插入一个新的结点，仍为有序链表。

分析：设有序链表中的数据是按从小到大（或从大到小）顺序排列的。插入新的结点之前，需要首先找出它在有序链表中的位置，然后再根据插入位置（表头、表中或表尾）作插入处理。

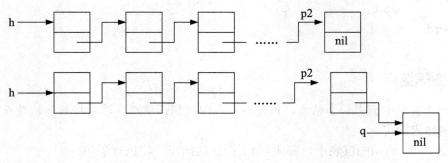

图 10-10　结点插入表尾

程序如下：
```
    procedure insert(x:real;var h:point);
var
  q,p1,p2:point;
begin
  new(q);            {建立新结点}
  q^.data:=x;
  if x<=h^.data              {h 指向表头结点}
    then begin              {插入表头}
          q^.next:=h;
          h:=q
        end
    else begin          {确定插入表中的位置}
          p2:=h;
          while (x>p2^.data) and (p2^.next<>nil) do
            begin
              p1:=p2;
              p2:=p2^.next
            end;
          if x<=p2^.data
            then          {插入表中}
              begin
                  p1^.next:=q;
                  q^.next:=p2
              end
          else        {插入表尾}
            begin
              p2^.next:=q;
              q^.next:=nil
```

```
        end
      end
end;
```

10.2.4 删除结点

要从一个链表中删去一个结点，首先在链表中找到该结点，然后将其前趋结点的指针域指向其后继结点即可。

在如图 10-11 所示的链表中，要删除 p2 所指的结点，需执行语句：

p1^. next: =p2^. next

被删除结点所占用的存储空间，可以通过语句 dispose（p2）释放。

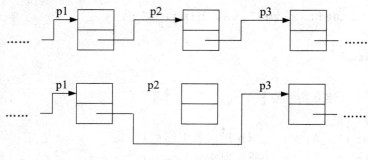

图 10-11 删除结点

例 10-6 编写一个过程，删除链表中第一个数据域值为 x 的结点。

分析：数据域值为 x 的结点可能位于链表的头结点或其后面的某个结点，还应考虑链表中没有数据域值为 x 的结点的情况。

算法分两步完成：

（1）查找：从头开始遍历链表，直到找到目标结点或到达表尾为止；

（2）删除：找到目标结点后，将其删除，设置标志（deleted）为真，否则设置为假。

程序如下：

```
procedure delete(x:real;var h:pt;var deleted:Boolean);
var
  p1,p2:pt;
begin
  p2:=h;
  while (p2^.data<>x) and (p2^.next<>nil) do   {遍历表直到找到目标或到达
表尾}
    begin
      p1:=p2;
      p2:=p2^.next
    end;
  if p2^.data=x
```

```
    then begin                    {如果目标找到, 删除包含它的结点, 设置 deleted 为真}
          deleted:=true;
          if p2=h
            then h:=h^.next          {头结点数据域的值为 x}
            else p1^.next:=p2^.next   {除头结点外的某个结点数据域的值为 x}
          end
        else deleted:=false
end;
```

10.2.5 循环链表

前面所介绍的链表尾结点的指针域为空（nil），称为单向链表。如果让表尾结点的指针域指向表头结点，就使整个链表形成一个环形。这种首尾相接的链表称为循环链表。在循环链表中，从任意一个结点出发都可以找到表中的其他结点。如图 10-12 所示的就是一个单向的循环链表，简称为单循环链表。

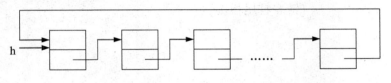

图 10-12 单循环链表

单循环链表的操作和单向链表基本一致，只是在循环终止条件上有所不同:前者是指针变量再一次指向表头结点；后者是指针变量的指针域为空（nil）。

例 10-7 旅行社要从 n 名旅客中选出一名幸运旅客，为他提供免费环球旅行服务。方法是，大家站成一个圈，然后指定一个数 m。从第 1 个人开始报数 1，2，3，…，报到 m 的人退出圈外，然后从下一个人开始重新从 1 报数，重复这个过程，直到只剩下一个人时，此人就是幸运之星。请由键盘输入 n、m，输出退出圈外客人的序号，选出幸运之星。

分析：因为 n 个人是围成一个圈的，所以第 n 个人后面的应该是第 1 个人，这就形成了一个环。利用单循环链表求解，将客人的编号作为结点数据域的值，将指向下一个人的地址作为结点的指针域值。

程序如下:

```
program p10_7(input,output);
type
  pt=^node;
  node=record
      data:integer;
      next:pt
end;
var
  m,n,i:integer;
```

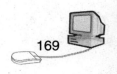

169

```pascal
  p1,p2,h:pt;
begin
  write('input n,m:');
  readln(n,m);
  new(p1);
  p1^.data:=1;              {头结点赋数据域值为 1}
  h:=p1;
  for i:=2 to n do          {遍历其他结点}
    begin
      new(p2);
      p2^.data:=i;          {结点数据域赋值}
      p1^.next:=p2;         {结点指针域赋值}
      p1:=p2
    end;
  p1^.next:=h;              {链表首尾相接}
  i:=1;
  p1:=h;
  repeat
    p2:=p1^.next;
    i:=i+1;
    if i mod m=0            {报到 m 的客人}
      then begin
            p1^.next:=p2^.next;        {删除结点}
            write(p2^.data:8);         {退出圈外客人的序号}
            p2^.next:=nil;
            dispose(p2)                {释放存储空间}
          end
      else p1:=p2
  until p2^.next=p2;
  writeln;
  writeln('the luck star is no:',p2^.data)          {输出幸运之星}
end.
```

习题 10

1. 读入一组整数，用-1 作为结束标记，存入链表，并统计整数的个数。

2. 读入一串字符，以 "#" 结束，组成先进先出的链表并输出。

3. 读入一串字符，以 "$" 结束，组成先进后出的链表并输出。

4. 读入一组非负整数，以-1 结束，构造一个升序的单链表。然后删除链表中一个值为 x

的结点，输出删除后的整数序列。反复进行删除结点的操作，直到输入-1 或成为空链表为止。

5. 山上有 10 个山洞，一只狐狸和一只兔子各住一个山洞，狐狸对兔子垂涎欲滴。聪明的兔子与狐狸约定：先对山洞编号：1，2，…，10。狐狸从 10 号山洞出发，第 1 次进 1 号山洞，第 2 次跳过 1 个山洞进 3 号山洞，第 3 次跳过 2 个山洞进 6 号山洞，依此类推，若狐狸进入山洞遇到兔子，就可以吃掉兔子。假定狐狸进了 1 000 个山洞，兔子安然无恙。问兔子躲在哪个山洞？请你利用单向循环链表编程求解。

习题 10 参考答案

1. 程序如下：

```
program ex10_1(input,output);
type
  pt=^node;
  node=record
        data:integer;
        next:pt;
end;
var
  p,q,h:pt;
  x,m:integer;
begin
  m:=0;
  h:=nil;
  read(x);
  while x<>-1 do
    begin
      new(p);
      m:=m+1;               {累计整数的个数}
      p^.data:=x;
      if m=1
        then h:=p           {定位头结点}
        else q^.next:=p;         {链接新的结点}
      q:=p;                  {q指向尾结点}
      read(x)
    end;
  if h<>nil then q^.next:=nil;
  p:=h;
  while p<>nil do          {从链表头开始依次输出链表中结点的数据域值}
    begin
```

```
    write(p^.data,'->');
    p:= p^.next;
  end;
writeln;
writeln('the count is :',m)        {输出整数的个数}
end.
```

2. 程序如下：

```
program ex10_2(input,output);
type                               {定义结点类型和指针变量}
  pt=^node;
  node=record
      data:char;
      next:pt
    end;
var
  h,p1,p2:pt;
  x:char;
begin
  h:=nil;               {建立空链表}
  read(x);              {读入第一个字符}
  while x<>'#' do       {链接依次输入的字符，直到'#'为止}
    begin
      if h=nil          {判定头结点}
        then begin              {建立头结点}
            new(p1);            {申请头结点地址}
            p1^.data:=x;        {为头结点的数据域赋值}
            p1^.next:=nil;      {作为当前链表的尾结点}
            p2:=p1;             {指针 p2 指向当前链表(即 p1 所指)的尾结点}
            h:=p1               {指针 h 指向当前链表的尾结点}
          end
        else begin
            new(p1);            {申请新结点地址}
            p1^.data:=x;        {为新结点的数据域赋值}
            p1^.next:=nil;      {新结点作为当前链表的尾结点}
            p2^.next:=p1;       {将新结点链接到已有链表的表尾}
            p2:=p1              {调整指针 p2 指向新链表的尾结点}
          end;
      read(x);          {读入下一个字符}
    end;
```

172

```
p1:=h;                      {输出链表}
while p1<>nil do
  begin
    write(p1^.data:5);          {输出链表中结点的数据域值}
    p1:=p1^.next             {将 p1 指针移到下一个结点}
  end;
writeln
end.
```

3. 请参考本章例 10-4 和习题二自行编程。

4. 程序如下：

```
program ex10_4(input,output);
type
  pt=^node;
  node=record                 {定义记录类型}
      data:integer;
      next:pt
    end;
var
  p,u,v,i:pt;        {插入的结点为 p，p 的前驱结点 u，后继结点 v，遍历参照结点为 i}
  x:integer;                  {增加或删除的数值}
begin
  new(i);             {建立空表}
  i^.next:=nil;
  write('insert data:');
  read(x);                        {输入第一个插入数据}
  while x>=0 do                        {反复插入数据，直到结束标志-1}
    begin                    {寻找插入位置}
      u:=i;
      v:=u^.next;
      while (v<>nil) and (x>u^.next^.data) do
        begin
          u:=v;
          v:=v^.next;
        end;
      new(p);                  {构造新结点}
      p^.data:=x;                 {结点 p 插入链表}
      p^.next:=v;
      u^.next:=p;
      read(x);                 {输入下一个插入数据}
```

```pascal
        end;
    u:=i^.next;                    {沿后继指针遍历链表}
    while u<>nil do
      begin
        write(u^.data:5);          {输出结点值}
        u:=u^.next                 {将 u 指针移到下一个结点}
      end;
  writeln;
  write('delete data:');           {输入第一个被删除的结点值}
  readln(x);
  while x>=0 do
    begin
      u:=i;                                      {寻找被删除的结点}
      while (u^.next<>nil) and (x<>u^.next^.data) do
        u:=u^.next;
        if u^.next<>nil
          then u^.next:=u^.next^.next            {删除值为 x 的结点}
          else writeln('not fount');             {没找到值为 x 的结点}
        u:=i^.next;                              {沿后继指针遍历链表}
        if u=nil then halt;
        u:=i^.next;
        while u<>nil do
          begin
            write(u^.data:5);                    {输出剩余的结点值}
            u:=u^.next
          end;
        writeln;
        write('delete data:');                   {输入下一个被删除的结点值}
        readln(x);
    end
end.
```

5. 程序如下：

```pascal
program ex10_5;
type
  pt=^node;
  node=record
      data:integer;
      key:integer;
      next:pt;
```

```
      end;
var
  m,n,i,l,t,step:longint;
  p1,p2,h:pt;
begin
  m:=10;
  n:=1000;
  new(p1);
  p1^.data:=10;
  p1^.key:=0;
  h:=p1;
  for i:=1 to m-1 do          {建立链表}
    begin
      new(p2);
      p2^.data:=i;
      p2^.key:=0;
      p1^.next:=p2;
      p1:=p2
    end;
  p1^.next:=nil;
  l:=0;
  t:=0;
  for step:=1 to n do         {寻找 n 次}
    begin
      l:=l+step;
      t:=l mod m;             {第几个山洞}
      p1:=h;
      for i:=1 to t do p1:=p1^.next;
      p1^.key:=1                {到过这个山洞}
    end;
  p1:=h;
  writeln;
  while p1<>nil do
    begin
      if p1^.key=0 then write(p1^.data,'-');
      p1:=p1^.next
    end
end.
```

输出：2-4-7-9-

第11章 文 件

在前面讲到的 Free Pascal 语言源程序首行，我们已经见到了标准输入文件 input 和标准输出文件 output，它们是用户与计算机进行数据传递的载体。用户利用 input 文件将数据输入计算机，利用 output 文件将计算机的处理结果输出。

当一个程序需要输入大量的数据，或同一批数据需要反复输入多次时，由键盘上输入数据是很麻烦的，凭借 input 文件也显得力不从心；当程序运行后产生大量需要长期保存或以供其他程序反复使用的结果时，output 文件同样不方便。

本章将介绍 Free Pascal 语言的常用文件是用户自定义的数据类型，通常用于人与计算机，或者计算机与各类设备之间进行数据传递。文件由一系列可以被计算机识别的元素组成，可以存储在磁盘、光盘等外部存储设备上，故通常称为外部文件。

11.1 文件类型

Free Pascal 语言中的文件可以从不同的角度进行分类。首先从文件的内容来区分，分为两种类型：程序文件和数据文件。程序文件用来存储源程序（.PAS）或者可执行的目标程序（.EXE），数据文件用来存储程序运行时需要使用的输入或输出的数据。

从文件的结构来区分，一般分为文本文件和随机文件两种类型。

① 文本文件。又称为正文文件，以一系列 ASCII 代码形式存储，是具有行结构的字符文件。标准输入文件 input 和标准输出文件 output 都属于文本文件。

② 随机文件。随机存储的文件称为随机文件，是以二进制形式存储在磁盘上的。例如：实数文件、记录文件等。随机文件不具有行结构，整个文件如同一个二维数表，可由用户随机存取数据。

文本文件和随机文件的文件结构不同，在使用与行有关的函数与过程时有很大的区别。

目前，在青少年信息学奥林匹克竞赛（NOI）和分区联赛（NOIP）复赛中，输入数据和输出结果都要求采用文本文件形式，所以文本文件是我们本章学习的主要内容。

11.2 文本文件的概念

先来介绍文本文件的文件名命名要求，数据元素特征和文件中的指针。

11.2.1 文件名

在文本文件程序首部的参数表中，要写入文本文件的文件名。Free Pascal 语言规定文件名由主文件名和文件扩展名两部分组成，中间用"."分隔。即文件命名的格式为：

主文件名. 扩展名

主文件名由 1~8 个字符组成，文件扩展名最多有 3 个字符。例如 STADY.IN、e2_1.out、36.dat 都可以作为文件名。一个文件的扩展名可以省略，但必须要有主文件名。例如：AB2 也可以作为文件名。Free Pascal 语言文件名中使用的字符不区分大小写，例如 ABC.DAT 与 abc.dat 看作同一个数据型文件名。在信息学奥林匹克竞赛中，常用.in 作为输入文件的扩展名，.out 作为输出文件的扩展名。

11.2.2　文件的数据行

文本文件中的数据元素可由多个字符构成，每个数据元素的长度没有统一规定。文本文件中的一个数据元素通常称为一行。

11.2.3　文件指针

文本文件是顺序存取文件。在向文件中写入数据时，只能从文件的起始位置开始，一个接一个地将数据写入；在从文件中读取数据时，也只能从文件的起始位置，顺序将数据从文件中读出。对于同一个文件的输入和输出操作不能交叉进行，即对于某个文件，只能从中读取数据，或者只能向文件中写入数据，不能同时即读又写。

为了方便对文件进行读写操作，Free Pascal 语言对每一个文件设置了一个指针，指向应读（写）的位置。当我们打开某一个文件时，文件指针首先指向第一个数据元素中的第一字符（称为第一个文件分量），然后不断地向后移动。从文件中读取数据，就是读取指针所指位置处的数据。向文件写入数据，则将数据写到指针所指的位置。

11.3　文本文件的基本操作

下面我们主要介绍用于存储数据的磁盘文件。首先需要建立文件，保存数据以供后续程序调用或修改。

11.3.1　链接文件

在程序设计中，经常需要使用保存在文本文件中的数据，或者将程序运行结果保存在外部文件之中。由于文本文件中的数据元素是存储在磁盘文件中，而不是存储在内存中。所以在访问文件中的数据之前，需要首先使用 assign 语句，将程序中的文件变量与要访问的磁盘文件名链接在一起。

assign 语句的格式为：

assign（文件变量，'文件名'）；

其中文件变量是指程序中的将与外部文件相链接的变量，文件名是指要访问的磁盘文件的文件名（可同时使用路径名）。例如：

assign（t，'d:\fp\f1.dat'）；

程序执行这个语句后，在后续语句中，凡出现文件变量 t 的时候，都认为是 d 盘 fp 目录下的 f1.dat 文件，直到程序尾部该文件被关闭为止。

在 Free Pascal 语言中链接文件是建立、打开文件进行读写数据的关键步骤。

11.3.2 建立文件

建立文本文件写入数据的操作步骤为：

① 在程序首部的参数表中，写入要建立的文件名。格式为：

　　program 程序名（input,output,文件名）；

② 在程序的说明部分（var）说明与该文件进行链接的文件变量的类型。格式为：

　　文件变量:text；

这个步骤一举两得，同时完成了对文件变量和外部文件类型的说明。

③ 用 assign 语句，链接程序中的文件变量和要访问的磁盘文件。格式为：

　　assign（文件变量，'文件名'）；

④ 用 rewrite 语句作文件的初始化，使该文件为空白文件，准备写入数据。格式为：

　　rewrite（文件变量）；

执行这个语句后，文件指针指向文件之首，准备将第一个数据写入文件中的第一个分量。

⑤ 用 write 语句向文件中写入数据。格式为：

　　write（文件变量,变量）；

它的作用是将变量的值写到指针所指的文件变量的当前分量之中。

例 11-1　将 1、2、3、…、9、10 这 10 个正整数写入到文本文件 **f1.dat** 中。要求相邻两数用一个空格分隔。

程序如下：

```
program p11_1(input,output,f1);  {在程序首部的参数表中写入文件名 f1}
var
  t:text;                        {说明文件变量 t（兼链接的文件 f1）的类型}
  i:integer;
begin
  assign(t,'f1.dat');            {链接文件变量 t 与文件 f1}
  rewrite(t);                    {f1 文件初始化}
  for i:=1 to 10 do              {循环生成 10 个正整数}
    begin
      write(t,i);                {将变量 i 的值顺序写到 f1 文件的各个分量中}
      write(t,' ');              {相邻两数用一个空格分隔}
    end;
  close(t);                      {关闭 f1 文件}
end.
```

运行上述程序后，在输出（Output）窗口中提示：

Running " 路径\p11_1.exe"

提示表明执行 p11_1.exe 文件，可以显示程序建立的文本文件 f1.dat。

如果想看到文本文件 f1.dat 中的数据，请找到保存源程序的文件夹，执行下列操作：

① 双击可执行文件 p11_1.exe，发现文件夹内出现 f1.dat 文件图标 ▣▨ 。

② 双击 f1.dat 文件图标后，屏幕打开如图 11-1 所示的对话框。

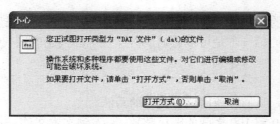

图 11-1 对话框

③ 单击"打开方式"按钮,打开"打开方式"对话框,如图 11-2 所示。

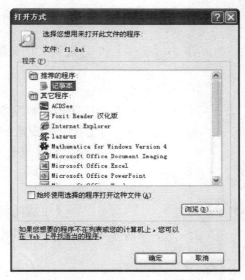

图 11-2 "打开方式"对话框

④ 在"选择的程序"中选定"记事本",单击"确定"按钮,即可在如图 11-3 的窗口中看到 10 个数据。

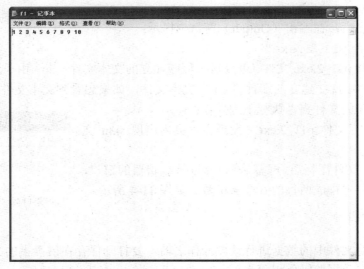

图 11-3 f1 记事本

注意：由于程序里的 assign 语句明确了文件变量 t 与要访问的磁盘文件 f1 的链接，因此建立文件的操作步骤中的第一步是可以省略的，即在上面例题的源代码中，第一句也可以简略写作：

`program p11_1;`

本章以后的编程中，我们常使用这种简略的写法。

例 11-2　产生 6 个 0 到 100 之间的随机整数，写入到文本文件 sj.in 中。要求每行 3 个数，两数之间用一个空格分隔。

程序如下：

```pascal
program p11_2;
var
  f:text;                       {说明文件变量 t 的类型}
  i,x:integer;
begin
  randomize;                    {初始化随机函数发生器}
  assign(f,'sj.in');            {链接文件变量 t 与文件 sj}
  rewrite(f);                   {sj 文件初始化}
  for i:=1 to 6 do
    begin
      x:=random(100);           {生成随机数}
      write(f,x);               {将变量 x 的值顺序写入 sj 文件}
      if i mod 3=0
        then writeln(f)
        else write(f,' ');      {控制数据的排列格式}
    end;
  close(f);                     {关闭 sj 文件}
end.
```

运行上述程序后，在输出（Output）窗口中提示：

Running " 路径\p11_2.exe"

提示表明执行 p11_2.exe 文件，可以显示程序建立的文本文件 sj.in。由于这个文件的扩展名是".in"，不是例 11-2 建立的那种".dat"文本文件，如果想看到文本文件 sj.in 中的数据，请找到保存源程序的文件夹，执行下列操作：

① 双击可执行文件 p11_2.exe，发现文件夹内出现 sj.in 文件图标▓▓。

② 双击 sj.in 文件图标后，屏幕显示 Lazarus 编辑器的窗口，可以看到文本文件中排成两行的 6 个随机数。如图 11-4 所示。

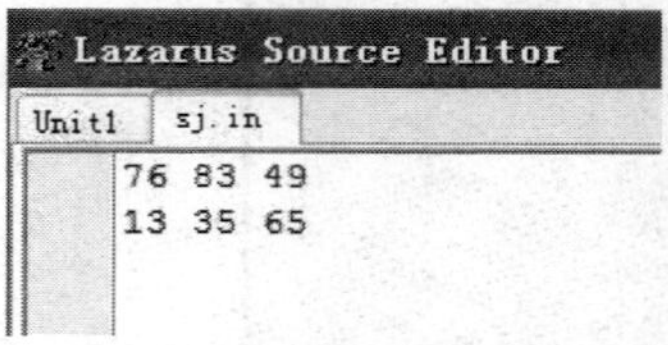

图 11-4　产生的随机数

11.3.3　打开文件

当程序需要对文件中的数据进行读取操作之前，要打开保存在磁盘上的文件。

打开文件读取数据的操作步骤为：

180

① 在程序首部的参数表中，写入原来已建立的文件名。格式为：

program 程序名（input,output,文件名）；

注：这一步骤通常也可以省略，即写作：

program 程序名；

② 在程序的说明部分（var）定义与要访问的文件进行链接的文件变量的类型。格式为：

文件变量:text；

③ 用 assign 语句，链接程序中的文件变量和要访问的磁盘文件。格式为：

assign（文件变量，'文件名'）；

④ 用 reset 语句进行文件的初始化，准备读取数据。格式为：

reset（文件变量）；

reset 语句的作用将文件指针指向文件之首，准备从文件的第一个分量开始读数。

例如：

reset（t）；

执行这个语句后，将打开与文件变量 t 链接的文件，然后可以从文件中读取数据。注意：在使用 reset 语句打开文件之前，该文件必须在磁盘上存在。另外对于利用 reset 语句打开的文件，只能从中读取数据，不能向文件中写入数据。

⑤ 用 read 语句由文件中读取数据。格式为：

read（文件变量，变量）；

执行这个语句后，先将文件指针所指的分量的数据读入变量中，之后文件指针自动后移指向下一个分量。

例 11-3 从例 11-1 建立的文本文件 f1.dat 中读取数据，并在显示器上输出数据。计算这 10 个数据的和并输出。

程序如下：

```
program p11_3;
var
  t:text;                 {说明文件变量 t 的类型}
  i,x,s:integer;
begin
  assign(t,'f1.dat');          {链接文件变量 t 与文件 f1}
  reset(t);                {f1 文件初始化，准备读数}
  s:=0;
  for i:=1 to 10 do            {利用循环读取 10 个正整数}
    begin
      read(t,x);          {将文件 f1 的各个分量的数据顺序读入变量 x}
      write(x,' ');       {顺序显示变量 x 的值}
      s:=s+x;              {计算 10 个数据的和}
    end;
      write('s=',s);            {输出 10 个数据的和}
  close(t);               {关闭文件}
```

```
end.
```
输出：1 2 3 4 5 6 7 8 9 10 s=55

11.3.4 关闭文件

对文件完成读取或写入操作后，必须关闭文件。关闭文件的操作方法是执行 close 语句。其格式为：

close（文件变量）；

close 语句执行完毕后，会在文件的末尾加上一个文件结束标识 Ctrl+Z（ASCII 码为 26），结束文件变量与外部磁盘文件的链接，同时修改操作系统的文件目录，反映出文件的长度、修改日期等最新状态。特别要注意：如果没有使用 close 语句关闭文件，在后面进行文件的写入操作时，rewrite 语句将清除原文件中分量的数据，造成磁盘文件信息的遗失，影响文件的正常使用。

注意：使用写入语句 rewrite（t）；时，如果当前磁盘上不存在与文件变量 t 链接的文件，则将在磁盘上新建一个文件。若与文件变量 t 链接的文件已经存在，系统将清除原文件中的所有数据。因此使用 rewrite 语句时一定要慎重，避免由于误操作而丢失重要数据。另外对于利用 rewrite 语句打开的文件只能写入数据，如果想从中读取数据的话，必须首先关闭该文件，然后再用 reset 语句重新打开文件。

11.3.5 文件修改

如果需要根据新的要求，在原有的文本文件最后写入新数据，append 语句可以完成这项任务。格式为：

append（文件变量）；

其中文件变量是指程序中与外部文件相链接的变量。例如：

append（t）；

执行这个语句后，将打开磁盘上与文件变量 t 链接在一起的外部文件，然后就可以从文件的末尾开始，向文件中写入新的数据了。

例 11-4 在例 11-1 建立的文本文件 f1.dat 尾部写入新数据：11 12 13 14 15，要求相邻两数用一个空格分隔，然后读取全部 15 个数据，计算它们的和。

程序如下：

```
program p11_4;
var
  t,y:text;                    {说明文件变量 t 和 y 的类型}
  x,i,s:integer;
begin
  assign(t,'f1.dat');          {链接文件变量 t 与文件 f1}
  append(t);                   {向 f1 文件中写入新的数据}
  for i:=11 to 15 do           {利用循环生成 5 个正整数}
    begin
      write(t,i);              {将变量 i 的值顺序写入 f1 文件}
```

```
        write(t,' ');                  {相邻两数用一个空格分隔}
      end;
    close(t);                      {关闭 f1 文件}
    assign(y,'f1.dat');              {链接文件变量 y 与文件 f1}
    reset(y);                     {f1 文件初始化，准备读数}
    s:=0;
    for i:=1 to 15 do            {循环输出全部 15 个数据的和}
      begin
        read(y,x);               {将文件 f1 的数据顺序读入变量 x}
        s:=s+x;                  {计算 15 个数据的和}
      end;
        write('s=',s);             {输出 15 个数据之和}
    close(y);                    {关闭 f1 文件}
  end.
```

输出：s=120

在这个程序中，第一个关闭语句 close（t）；之前部分，完成了对 f1 文件的数据追加；到第二个关闭语句 close（y）；则完成了全部数据的输出。请想一想，如果后一部分的文件变量不使用 y，仍然使用变量 t，程序的运行结果一样吗？试一试验证你的结论。

请注意：在上述程序中，前面在做写入数据，后面在做读取数据。这两部分中都使用了 write 语句，但是其作用是不同的。前面的 write（t，i）；语句是将变量 i 的值顺序写入与文件变量相链接的 f1 文件，后面的 write（'s='，s）；语句是将计算出的 15 个数据之和输出到显示器屏幕。自然大家想问：为什么要用同一个语句名称呢？它们之间是否有联系？下面将向读者做以介绍。

11.3.6　读取数据

在前面的例题中，我们已经看到了从打开的文本文件中读取数据时可以使用 read 语句，这里再做详细介绍。read 语句的格式为：

read（文件变量，变量表）；

其中的变量表中可以有多个变量，不同的变量之间用","分隔。这个语句的执行结果是将文件中的数据依次读入到变量表中的各个变量之中。

例如：

read（t，a，b）；

表示从与文件变量 t 项链接的外部文件中读入 2 个数据，依次存放到变量 a、b 中。

这个语句的执行结果与我们以前所学的通过键盘输入数据的 read 语句实际效果是一样的。从表面上看，现在的 read 语句在括号内的变量表之前多了一个文件变量。

Free Pascal 语言把一些用于通信的外部设备，例如键盘、显示器、打印机等也看作文件。当然键盘只能用于输入数据，显示器和打印机则只能用于输出数据。

键盘被 Free Pascal 系统定义为一个文本文件，并且系统会自动完成其链接和打开，所以如果是通过键盘输入数据，就可以直接使用 read 语句，而无须再进行文件类型的说明、链接。

如果将通过键盘输入数据的 read 语句书写完整的话，其格式应为：

read（'input'，变量表）；

其中的 input 表示系统的标准输入设备，即键盘。由于标准输入文件 input 被系统定义为默认的输入设备，故可以省略文件变量 input，写成大家熟知的语句形式：

read（变量表）；

在磁盘文件中，read 语句变量表中的变量类型可以是字符型、整型、实型和字符串类型，在对文本文件进行读入操作时，系统将自动完成数据类型的转换。即系统自动从文本文件中读取字符，并将其转换为变量所要求的类型。例如：设文件变量 t 所链接的文本文件的内容为：

315

执行 read（t，x）；语句时，如果变量 x 是字符型，则 x 的值为字符 3；如果变量 x 为整型，则 x 的值为整数 315；如果变量 x 为实型，则 x 的值为实数 315；如果变量 x 为变长字符串类型（string），则 x 的值为字符串 315；如果变量 x 为定长字符串类型（string[n]）时，x 的值要根据串长 n 的取值而确定。如果 n=2，则 x 的值为字符串 31；如果 n>2，x 的值为字符串 315。

从文本文件中读取数据也可使用 readln 语句。其格式为：

readln（文件变量，变量表）；

例如：

readln（t，a，b）；

表示从文件 t 中读入 2 个数据，依次存放到内存变量 a，b 中。

read 语句与 readln 语句的区别主要表现在对程序中下一个输入语句的执行上，当使用 read 语句时，程序中的下一个 read 语句执行时，将在本次指针位置向后读入数据；如果使用 readln 语句，则执行下一个 read 语句时，将换行从下一行的行首位置向后读入数据。

11.3.7　写入数据

前面我们已经见到了使用 write 语句向文件中写入数据的示例，write 语句的格式为：

write(文件变量，数据表)；

其中，文件变量同前所述，数据表是一个表达式表，可以有多个表达式，不同的表达式之间用 "," 分隔。语句的执行结果是把数据表中各个表达式的值依次写入到文件中。

例如：

write（t，x，y）；

表示将表达式 x，y 的值，依次写入到文件 t 中。

与 read 语句类似，这里的 write 语句与以前在显示器上输出运行结果的 write 语句相比，实际效果也是相同的。如果将显示器上输出运行结果的 write 语句书写完整的话，其格式应为：

write（'output'，数据表）；

其中的 output 表示系统的标准输出设备，即显示器。在 Free Pascal 系统中，显示器被定义为一个文本文件，并且会自动完成其链接和打开，所以如果是向显示器上输出结果，就可以直接使用 write 语句，不必再进行文件类型的说明和链接了。

由于标准输出文件 output 被系统定义为默认的输出设备，故可以省略文件变量 output，写成大家熟知的语句形式：

　　write（变量表）；

　　向文本文件中写入数据时也可使用 writeln 语句。其格式为：

　　writeln（文件变量，数据表）；

　　例如：

　　writeln（t，x，y）；

表示将表达式 x、y 的值，依次写入到文件 t 中。

　　write 语句与 writeln 语句的区别主要表现在程序中的下一个输出格式上，当使用 write 语句时，程序中的下一个 write 语句被执行时时，将在本次指针位置向后输出数据；如果使用 writeln 语句时，则执行下一个 write 语句时，将换行从下一行的行首位置向后输出数据。

　　数据表中表达式的值可以是字符型、整型、布尔型、实型和字符串类型。在对文本文件进行写入操作时，系统能自动完成数据类型的转换。即系统将自动把表达式的值转换为一个或多个字符，并写入到文本文件中。

　　另外，在文本文件中同样可以对表达式进行输出场宽的限定。例如：设 x 为实数 123.456，在不同的语句设置中执行情况如下：

　　执行 writeln（t，x）；语句时，将在文件变量 t 所链接的文本文件中写入：1.2345600000E+02

　　执行 writeln（t，x：10：4）；语句时，将在文件变量 t 所链接的文本文件中写入：　123.4560

　　执行 writeln（，x：10：2）语句时，将在文件变量 t 所链接的文本文件中写入：　　　123.46

○ **11.4**　文本文件操作函数

　　下面是 Free Pascal 语言中文本文件的常用操作函数，它们会给文件处理带来极大的便利。

1. eoln 函数

　　eoln 函数的格式为：eoln（文件变量）

　　eoln 函数的作用是检测文本文件当前行是否结束。eoln 函数的值是一个布尔值。如果文本文件当前指针的下一个字符为行结束符或文件结束符，函数返回值为 true，否则返回值为 false。

2. eof 函数

　　eof 函数的格式为：eof（文件变量）

　　eof 函数的作用是检测文本文件是否结束。eof 函数的值是一个布尔值。如果文本文件当前指针的下一个字符为文件结束符，则函数返回值为 true，否则返回值为 false。

3. seekeoln 函数

　　seekeoln 函数的格式为：seekeoln（文件变量）

　　seekeoln 函数的作用是使文本文件指针向后跳过若干字节，寻找到第一个行结束符，然后把 eoln 函数的值置为 true，同时将文件指针指向下一行的第一个字符；如果没有找到行结束符，则将 eoln 函数的值置为 false。

4. seekeof 函数

　　seekeof 函数的格式为：seekeof（文件变量）

　　seekeof 的作用时寻找文件的结束符，然后把 eof 函数的值置为 true；如果没有找到文件

结束符，则将 eof 函数的值置为 false。

例 11-5　从例题 11-4 的文本文件 f1.dat 中读入所有的数，计算每个数的平方，将结果写入到文本文件 b.out 中，要求每行 1 个数。

程序如下：

```pascal
program p11_5;
var
  t,m:text;                              {说明文件变量的类型}
  x,y:integer;
begin
  assign(t,'f1.dat');                    {链接文件变量 t 与文件 f1.dat}
  reset(t);
  assign(m,'b.out');                     {链接文件变量 m 与文件 b.out}
  rewrite(m);
  read(t,x);                             {从文件 f1.dat 中读取数据}
  while not eof(t) do                    {当文件 f1.dat 未结束时执行循环}
  begin
    y:=sqr(x);                           {计算当前所读数的平方}
    writeln(m,y);                        {向文件 b.out 中写入数据}
    read(t,x);                           {顺序从文件 f1.dat 中读取数据}
  end;
  close(t);                 {关闭文件 f1.dat }
  close(m);                 {关闭文件 b.out}
end.
```

这个例题的输出文件为 b.out，扩展名不同于前面见到的 ".dat"。运行源程序后，黑屏一闪即消失，打开输出窗口（Output），屏幕提示：运行.exe 文件。双击当前文件夹中对应的可执行文件（.exe 文件），发现文件夹内迅速出现 b.out 文件图标，如图 11-5 所示。双击它就能打开 b.out 文件，在记事本窗口中看到每个数的平方。相比之下，扩展名为 ".in"、".out" 的文本文件比 ".dat" 文件更容易查看结果，使用起来更方便。

例 11-6　陶陶家有一棵苹果树，秋天树上结出 10 个苹果。苹果熟了，陶陶想借助一个 30 厘米高的板凳摘苹果。现在已知每个苹果到地面的高度和陶陶伸直手所能达到的最大高度，请帮陶陶算一下她能够摘到的苹果的数目。假设她碰到苹果，苹果就会掉下来。

（1）输入文件：apple.in

有两行数据：第一行包含 10 个 100 到 200 之间（包括 100 和 200）的整数（以厘米为单位），分别表示 10 个苹果到地面的高度，两个相邻的整数之间用一个空格隔开。第二行只包括一个 100 到 120 之间（包含 100 和 120）的整数（以厘米为单位），表示陶陶把手伸直的时候能够达到的最大高度。

（2）输出文件为：apple.out

包括一行，这一行只包含一个整数，表示陶陶能够摘到的苹果的数目。

样例：

apple.in

100 200 150 140 129 134 167 198 200 111

110

apple.out

5

分析：使用"input"作为文件变量链接输入文件"apple.in"，使用"output"作为文件变量链接输出文件"apple.out"。

利用 for 循环将输入文件第一行中的 10 个数据读入数组 a 中，将第二行的 1 个数据读入变量 y 中。用 writeln 输出仅有的 1 个计算结果。

程序如下：

```pascal
program p11_6;
var
input, output:text;
  a:array[1..10] of integer;
  i,s,y:integer;
begin
  assign(input,'apple.in');          {链接文件变量与输入文件}
  reset(input);                      {准备读取数据}
  assign(output,'apple.out');        {链接文件变量与输出文件}
  rewrite(output);                   {准备写入数据}
  s:=0;
  for i:=1 to 10 do                  {顺序读取第一行的数据}
    read(a[i]);
  read(y);                           {读取第二行的数据}
  for i:=1 to 10 do                  {依次检查每个苹果是否可以摘到}
    if y+30>=a[i] then inc(s);       {累计摘到的苹果数}
  writeln(s);
  close(input);                      {关闭输入文件}
  close(output);                     {关闭输出文件}
end.
```

运行此程序时，由键盘输入文件中的数据：

100 200 150 140 129 134 167 198 200 111

110

按回车键后，屏幕显示：5，表示陶陶能够摘到 5 个苹果，此结果与样例的输出文件相符，说明程序是正确的。如果计算结果与样例的输出文件不相符，说明程序存在问题，需要检查并调试。

如果有电子版的样例文件，则可以利用屏幕左上角的控制菜单来复制样例输入文件中的数据，避免输入多个数据的繁琐。操作方法是：

① 复制样例输入文件（例如 Word 文件）中的数据；

② 编译、运行 Pascal 程序；

③ 单击显示屏幕左上角的控制菜单，如图 11-5 所示；

图 11-5　控制菜单

④ 执行"编辑"菜单下的"粘贴"命令，如图 11-6 所示。

图 11-6　执行"粘贴"命令

样例输入文件中的众多数据就被程序读入了，然后到输出窗口(Output）中可以看到程序的运行结果。

习题 11

1. Pascal 语言向文件 a.out 写入数据的语句格式为 （　　）。
    A. assign（t，'a.out'）；reset（t）；
    B. assign（t，'a.pas'）；reset（t）；
    C. assign（t，'a.out'）；rewrite（t）；
    D. assign（t，'a.pas'）；rewrite（t）；
2. Pascal 语言从文件 a.in 中读取数据的语句格式为 （　　）。
    A. assign（output，'a.in'）；rewrite（input）；
    B. assign（t，'a.in'）；reset（t）；
    C. assign（t，'a.out'）；rewrite（t）；
    D. assign（input，'a.out'）；rewrite(output)；
3. 用_____语句初始化文件，只能从文件中读取数据；用_____语句语句初始化文件，只能向文件中写入数据。
4. 填写下面的表格，复习文本文件的基本操作步骤。

操作步骤	语　句	功　能
定义文件变量类型		
链接文件		
建立文件		
打开文件		
关闭文件		
文件修改		
读取数据		
写入数据		

5. 将正整数 1，2，…，20 写入到文本文件 n.in 中。要求每行 5 个数，相邻两数用一个空格分隔。

6. 在例 11-2 建立的文本文件 sj.in 中存有 2 组数，每组 3 个整数，求每组数的和。

输入格式：文本文件 sj.in 存有 6 个数据，分为 2 行，每行 3 个整数，用空格分隔。

输出格式：结果输出到文本文件 h.out，每行 1 个数。

7. 给定一行整数（整数的个数小于 100），请将这些数按从小到大的顺序进行排序。

输入文件：Px.in

包括一行数据，为若干个整数（整数的个数小于 100）。

输出文件：Px.out

从小到大排列的一行整数序列，相邻两个整数之间用空格分隔。

样例：

Px.in

8 2 2 5 4 7 3 6 9 1

Px.out

1 2 2 3 4 5 6 7 8 9

▶ 习题 11 参考答案

1. C

2. B

3. reset，rewrite

4.

文本文件的基本操作步骤

操作步骤	语　句	功　能
定义文件变量类型	文件变量：text	说明文件变量类型
链接文件	assign（文件变量，文件名）；	链接程序中的文件变量和要访问的磁盘文件

续表

操作步骤	语 句	功 能
建立文件	rewrite（文件变量）	初始化文件，使该文件为空白文件，准备写入数据
打开文件	reset（文件变量）	初始化文件，准备读取数据
关闭文件	close（文件变量）	关闭文件,结束文件变量与磁盘文件的链接
文件修改	append（文件变量）	在原有的文本文件最后写入新数据
读取数据	read（文件变量，变量）	由文件中读取数据
写入数据	write（文件变量，变量）	向文件中写入数据

5. 程序如下:

```pascal
program ex11_5;
var
  t:text;
  i,x:integer;
begin
  assign(t,'n.dat');                    {链接文件变量 t 与文件 n}
  rewrite(t);
  for i:=1 to 20 do                  {循环生成 20 个正整数}
    begin
      write(t,i);                  {将变量 i 的值顺序写入 n.dat 文件}
      if i mod 5=0
        then writeln(t)
        else write(t,' ');              {控制数据分布格式}
    end;
  close(t);                    {关闭文件}
end.
```

6. 程序如下:

```pascal
program ex11_6;
var
  t,m:text;              {定义文件变量 t, m}
  i,x,y,z,w:integer;
begin
  assign(t,'sj.in');          {链接文件变量 t 与文件 sj}
  reset(t);
  assign(m,'h.out');          {链接文件变量 m 与文件 h}
  rewrite(m);
  for i:=1 to 2 do            {处理 2 组数}
```

```
begin
   readln(t,x,y,z);              {从文件 sj 中读入 3 个数}
   w:=x+y+z;                     {求和}
   writeln(m,w);                 {写入文本文件 h 中，每行写一个数据}
   end;
  close(t);         {关闭文件 sj}
  close(m);         {关闭文件 h}
end.
```

7. **分析**：本题数据的个数未知，由于 eoln 语句可以判断一行数据是否结束，如果结束返回 true，否则返回 false，因此在本例中用 not eoln 来控制循环次数。

程序如下：

```
program ex11_7;
var
  a:array[1..100] of integer;
  input,output:text;
  i,j,n,t:integer;
begin
  assign(input,'px.in');              {链接输入文件}
  reset(input);
  assign(output,'px.out');            {链接输出文件}
  rewrite(output);
  n:=0;
  while not eoln do                   {判断行是否结束}
    begin
      inc(n);                         {累计数的个数}
      read(a[n]);
    end;
  for i:=1 to n do                    {数列排序}
    for j:=i+1 to n do
      if a[i]>a[j] then begin
                    t:=a[i];
                    a[i]:=a[j];
                    a[j]:=t;
                  end;
  for i:=1 to n do                    {输出升序数列}
    write(a[i],' ');                  {数据间用空格分隔}
  close(input);                       {关闭输入文件 px.in}
  close(output);                      {关闭输出文件 px.out}
end.
```

第12章 数据结构

用计算机进行处理的信息叫做数据。一个数字、一个单词、一篇文章、一本书、一张图片、一首歌曲等都是数据。数据之间的相互关系叫做数据结构。常用的标准数据结构包括线性表、栈、队列、树和图等。

12.1 线 性 表

线性表是一种简单的数据结构，它是由 n 个相同数据类型的元素构成的有限序列，通常记作（a_1, a_2, …, a_{n-1}, a_n）。

例如，

数列：3，5，7，9，12；

某城市最近 5 年的年平均气温：26.9 ℃，26.7 ℃，27.1 ℃，26.8 ℃，27.2 ℃；

学生成绩表：

学号	成绩
9901	580
9902	567
9903	590
9904	601
9905	612

线性表的数据元素可以是任意类型的，但同一线性表中元素必须是同一类型的。在研究线性表的结构及表中各元素的关系时，常将元素称为结点（Node）。线性表中第一个元素称为首结点，最后一个元素称为终端结点。一个非空线性表有且只有一个首结点，有且只有一个终端结点。线性表中，首结点的位置称为表头，终端结点的位置称为表尾。

线性表中的元素个数叫做线性表的长度。长度为 0 的线性表叫做空表。

设线性表 $L=a_1$, a_2, …, a_{n-1}, a_n，则结点 a_i 的前趋是 a_{i-1}（$2 \leqslant i \leqslant$ 表长度），结点 a_i 的后继为 a_{i+1}（$i \leqslant$ 表长度-1）。在线性表中，除首结点和终端结点外，其他结点都有且仅有一个前趋结点，有且仅有一个后继结点。首结点没有前趋结点，终端结点没有后继结点。

12.1.1 线性表的存储

设线性表的元素类型为 datatype（在应用中可按需要而定），则线性表可用 Pascal 语言描述如下：

```
const
```

```
    maxsize=线性表容量;
type
  sqlist=record
    data:array[1..maxsize] of datatype;
    last:integer;
  end;
```

其中，数据域 data 是一维数组，线性表的第 1，2，…，n 个结点分别存放在数组中的第 1，2，…，last 个元素中，如图 12-1 所示。last 域的值既是线性表的终端结点在顺序表中的位置，又是线性表的长度（last=n）。常量 maxsize 规定了线性表的容量。从 last+1 到 maxsize 之间的存储单元是当前的空闲区（备用区）。

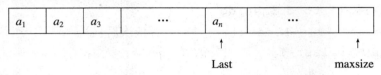

图 12-1　线性表

设有如下变量定义：

```
var
  L=sqlist;
```

L 是一个线性表，由 data 域和 last 域组成。L 中的第 i 个结点是 L.data[i]，L 的终端结点是 L.data[L.last]。若线性表在内存中的首地址（即元素 a_1 的地址）是 b，且每个结点占 k 个字节，则 a_2 的地址就是 $b+k$；a_i 的地址是 $b+(i-1)*k$；a_n 的地址是 $b+(n-1)*k$；$a_{maxsize}$ 的地址是 $b+(maxsize-1)*k$；线性表在内存中的末地址是 $b+maxsize*k-1$。

12.1.2　线性表的基本操作

1. 插入 INS（L,X,i）

在表中第 i（1<=i<=n+1）个位置上，插入新结点 X，使得包含 n 个元素的线性表（a_1，…，a_{i-1}，a_i，a_{i+1}，…，a_n）变为包含 n+1 个元素的线性表（a_1，…，a_{i-1}，X，a_i，…，a_n）。

程序如下：

```
procedure ins (var L:sqlist;X:datatype;i:integer);
{将 X 插入到顺序表 L 的第 i 个位置}
begin
  if L.last=maxsize then
    write('表满');
  if (i<1) or (i>L.last+1) then
    write('非法位置');
  for j:=L.last downto i do
    L.last[j+1]:=L.data[j];          {依次后移}
  L.data[i]:=X;             {插入 X}
```

```pascal
    L.last:=L.last+1;           {表长加 1 }
  end;
```

2. 删除 DEL（L,i）

删除表中第 i（$1<=i<=n$）个结点，使得包含 n 个元素的线性表（a_1，…，a_{i-1}，a_i，a_{i+1}，…，a_n）变为包含 $n-1$ 个元素的线性表（a_1，…，a_{i-1}，a_{i+1}，…，a_n）。

程序如下：

```pascal
  procedure del（var L:sqlist;i:integer）;
  begin                            {删除线性表 L 中第 i 个位置上的结点}
    if (i<1)or(i>L.last) then
      write('非法位置');
    for j:=i+1 to L.last do
      L.data[j-1]:=L.data[j];         {依次后移}
    L.last:=L.last-1          {修改表长}
  end;
```

3. 定位 LOC（L,X）

```pascal
  funtion loc(L:sqlist;X:datatype):integer;
  {在线性表 L 中从前往后顺序查找第一个值为 X 的结点}
  {若找到则返回该结点的序号，否则返回 0}
  begin
    i:=1;
    while (i<=L.last) and (L.data[i]<>X) do
      i:=i+1;
    if i<=L.last then
      loc:=i
    else
      loc:=0;
  end;
```

4. 初始化 INI（L）

```pascal
  procedure ini(var L:sqlist);
  begin              {初始化线性表 L}
    L.last:=0         {将表长修改为 0}
  end;
```

5. 读表元 GET（L,i）

```pascal
  funtion get(L:sqlist;i:integer):datatype;
  {求线性表 L 中第 i 个位置上的结点的值}
  begin
    if (i>=1)and(i<=L.last) then
      get:=L.data[i])
  end;
```

6. 求表长 LEN（L）

```
funtion len(L:sqlist):integer;
begin              {求线性表 L 的长度}
  len:=L.last;
end;
```

○ 12.2 栈

栈是一种特殊的线性表，它只允许在表头进行插入和删除操作。表头称为栈顶，表尾称为栈底。栈的插入操作称为入栈，栈的删除操作称为出栈。栈可以想象为一个只在上端开口的筒状容器，里边叠放了若干个盘子，每个盘子相当于一个数据元素。每次从容器中向外取盘子时，只能拿到最上面的一个；每次向容器中放盘子时，只能放到一叠盘子的最上面。

因为栈只允许从一端进行入栈和出栈操作，所以先入栈的元素必然后出栈，即先进后出（first in last out），简写为 FILO，这是栈的一个基本特征。

如图 12-2 所示，栈的元素为 a_1，a_2，a_3，…，a_n，则 a_1 为栈底元素，a_n 为栈顶元素，入栈序列为 a_1，a_2，a_3，…，a_n，出栈序列为 a_n，…，a_3，a_2，a_1。

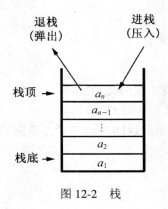

图 12-2　栈

12.2.1 栈的存储

栈可以用一维数组来存储。将栈底固定在数组的第一个元素，同时用一个变量指示当前栈顶元素的下标。当变量的值为 0 时，表示栈是一个空栈；当变量的值等于数组长度时，表示栈已满。这个变量具有指示栈顶元素位置的作用，通常将这个变量叫做**栈顶指针**。

例如：

```
const
  maxlen=100;
type
  stacks=record
    data:array[1..maxlen] of datatype ; {datatype 可根据需要确定}
    top:0..maxlen;        {top=0 表示空栈, top=maxlen 表示栈满}
```

```
      end;
```

这样定义的类型 stacks 就可以用来表示栈了。其中，data 域是栈元素的存储空间，top 是栈顶指针，maxlen 是栈的容量。

12.2.2 栈的操作

栈的操作主要有：

（1）将栈置空；

（2）入栈操作（将元素从栈顶压入栈）；

（3）出栈操作（将栈顶元素删除）；

（4）判断栈是否溢出（若此栈定义了最大容量）。

设有如下栈的定义：

```pascal
const
  maxlen=100;
type
  stacks=record
    data:array[1..maxlen] of datatype;
    top:0..maxlen;
  end;
var
  s:stacks;
```

下面以函数和过程的形式实现了栈的几种操作。

```pascal
funtion is full(s:stacks):Boolean;
{判断栈是否满，若栈满则函数返回 True，否则返回 False}
begin
  if s.top=maxlen
    then isfull:=True
  else
    isfull:=False;
end;
funtion isempty(s:stacks):Boolean;
{判断栈是否为空，若栈空则函数返回 True，否则返回 False}
begin
  if s.top=0 then
    isempty:=True
  else
    isempty:=False;
end;
procedure makeempty(var s:stacks);
begin                    {将栈 S 置空}
```

```
    s.top:=0;
  end;
  procedure push(x:datatype;var s:stacks);
  begin                          {将数据 X 压入栈}
    if not isfull(s) then
    begin
      s.top:=s.top+1;
      s.data[s.top]:=x;
    end;
  end;
  procedure pop(var x:datatype;var s:stacks);
  begin                          {将栈顶元素弹出栈，传给 x}
    if not isempty(s) then
    begin
      x:=s.data[s.top];
      s.top:=s.top-1;
    end;
  end;
```

12.2.3　栈的应用实例

例 12-1　已知栈 S 的入栈序列为{'a', 'b', 'd', 'c', 'e'}，求其出栈序列。

分析：根据栈的"先进后出"的特点可知，出栈序列应为'e', 'c', 'd', 'b', 'a'。

例 12-2　已知一个栈的入栈序列为{1，2，3，4，5，6，7}，经过如下对该栈的操作：入栈、入栈、入栈、出栈、入栈、出栈、入栈、入栈、出栈，求出栈序列。

分析：根据题义可知，入栈和出栈操作如下：

入栈　入栈　入栈　出栈　入栈　入栈　出栈
　1　　2　　3　　3　　4　　5　　5

所以出栈序列为{3，5}。

例 12-3　给定一个栈，入栈序列为 12345，则不可能的出栈序列为（　　　）

A. 12345　　　　　B. 21435　　　　　C. 54321　　　　D. 42315

分析：根据栈的先进后出的特点可知，

A 选项对应的操作序列为：

入栈　出栈　入栈　出栈　入栈　出栈　入栈　出栈　入栈　出栈
　1　　1　　2　　2　　3　　3　　4　　4　　5　　5

B 选项对应的操作序列为：

入栈　入栈　出栈　出栈　入栈　入栈　出栈　出栈　入栈　出栈
　1　　2　　2　　1　　3　　4　　4　　3　　5　　5

C 选项对应的操作序列为：

入栈 入栈   入栈 入栈   入栈 出栈 出栈 出栈 出栈 出栈
　1　　 2　 　 3　 4　 　 5　　 5　 4　 3　 2　 1

D 选项，要想 4 先出栈，操作序列必须为：

入栈 　　 入栈 　　 入栈 　　 入栈 　　 出栈
　1　　　 2　 　　 3　 　　 4　　　 4

而下一个出栈的只能为 3 或者 5，所以 42315 序列不可能，因此选 D。

例 12-4　利用栈完成不同进制数的转换。

```pascal
program p12_1;
const
  maxlen=100;        {栈容量}
type
  s1=record
    element:array[1..maxlen] of integer;
    top:0..maxlen;               {栈顶指针}
  end;
var
  s:s1;
  i,j,n,r:integer;
begin
  readln(n,r);           {读入 r 进制数 n}
  s.top:=0;           {栈为空}
  while n>0 do
  begin
    s.top:=s.top+1;
    s.element[s.top]:=n mod r;
    n:=n div r;
  end;
  for i:=s.top downto 1 do
    write(s.element[i]);
end.
```

12.3　队　列

　　队列是另一种特殊的线性表。它只允许在一端进行插入操作，在另一端进行删除操作。允许删除的一端叫做**队首**，允许插入的一端叫做**队尾**；插入操作叫做**入队**，删除操作叫做**出队**。队列的元素出入操作是遵循"先进先出"原则的，即 first in first out（FIFO）。这类似于我们在食堂排队买饭，新来的人只能在队尾加入队伍，队里的人只能在队首买饭并出队；先入队的人先买饭出队，后入队的人后买饭出队。

　　设队列为 a_1，a_2，a_3，…，a_n，则 a_1 是队首元素，a_n 是队尾元素。队列按 a_1，a_2，a_3，…，

a_n 的顺序入队，再按 a_1，a_2，a_3，…，a_n 的顺序出队。如图 12-3 所示。

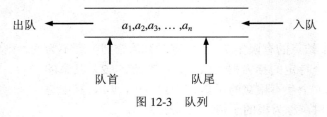

图 12-3　队列

队列的存储可用数组来实现。下面是一个例子：

```
const
  maxlen=100;
type
  sq=record
    data:array[1..maxlen] of datatype;    {datatype 根据需要而定}
    head,tail:0..maxlen;         {head 是队首指针，tail 是队尾指针}
  end;
```

队列的操作主要有入队、出队、置空队、判断队列是否满等。

例 12-5　已知队列的入队序列为'a', 'b', 'c', 'd', 'e'，并且全部依次入队，求出队序列。

分析：根据"先进先出"原则，出队序列应与入队序列相同。因此，出队序列应为'a', 'b', 'c', 'd', 'e'。

12.4　树

树（Tree）是一种重要的非线性结构。在现实问题中，有许多数据都是按树形结构组织的，例如一个家族中每个人的关系，一个国家的行政区划的关系等。

我们以一个家族的成员结构来理解树的概念，如图 12-4 所示。

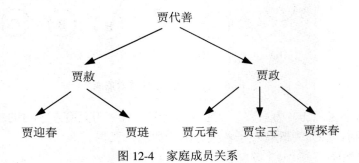

图 12-4　家庭成员关系

图 12-4 中，贾代善有两个孩子，分别是贾赦和贾政；贾赦有两个孩子，分别是贾迎春和贾琏；贾政有三个孩子，分别是贾元春、贾宝玉和贾探春。

这个家族的结构类似于一棵倒置的树。其中，"树根"是贾代善；树根分出两个"树枝"，分别是贾赦和贾政；其余的人都是"树叶"。图中的线段描述了家族成员之间的关系。显然，以贾代善及其所有后代构成一个大家庭，是一个大的树形结构；贾赦及其孩子又构成一个小

家庭，是一个小的树形结构；同理，贾政及其孩子也构成一个小家庭，是一个小的树形结构。

12.4.1 树的定义

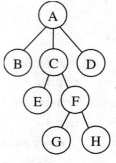

图 12-5 树

树是 n（$n \geqslant 0$）个结点的有限集 T。T 为空时称为空树，若不为空，则它满足如下两个条件：（1）有且仅有一个特定的称为根（Root）的结点；（2）其余的结点可分为 m（$m \geqslant 0$）个互不相交的子集 $T1$，$T2$，$\cdots$，Tm，其中每个子集本身又是一棵树，称为根的子树（Subtree）。

树的递归定义表明了树的固有特性：一棵非空树是由若干棵子树构成的，而子树又可由若干棵更小的子树构成。

例如，有如图 12-5 所示的一棵树。

根据树的定义 $T=\{A，B，C，D，E，F，G，H\}$，其中 A 是根的结点，T 中其余结点分别分成 3 个互不相交的子集，即 $T1=\{B\}$，$T2=\{C，E，F，G，H\}$，$T3=\{D\}$。$T1$、$T2$ 和 $T3$ 是 3 棵根为 A 的子树；$T2$ 含有 $T21=\{E\}$，$T22=\{F，G，H\}$ 两棵子树。

12.4.2 二叉树

二叉树是树形结构的一个重要类型。实际问题中的许多数据都可抽象成二叉树的形式，一般的树也能用很简单的方法转换成二叉树进行存储，而二叉树的存储结构和算法都较为简单，因此，二叉树的应用十分广泛。

1. 二叉树的定义

二叉树是 n（$n \geqslant 0$）个结点的有限集，它或者是空集（$n=0$），或者由一个根结点及两棵互不相交的、分别称作这个根的左子树和右子树的二叉树组成。

2. 二叉树的 5 种基本形态

二叉树有 5 种基本形态，如图 12-6 所示。

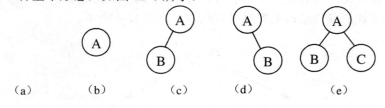

（a）   （b）   （c）   （d）   （e）

图 12-6 二叉树的 5 种基本形态

其中（a）为空树；（b）为只有一个根结点的树；（c）为只有左子树的二叉树；（d）为只有右子树的二叉树；（e）为既有左子树又有右子树的二叉树。

3. 二叉树的性质

性质 1 二叉树第 i 层上的结点数目最多为 2^{i-1}（$i \geqslant 1$）（如图 12-7 所示）。

性质 2 深度为 k 的二叉树至多有 2^k-1 个结点（$k \geqslant 1$）。

性质 3 在任意一棵二叉树中，若终端结点的个数为 n_0，度为 2 的结点数为 n_2，则 $n_0=n_2+1$。

4. 满二叉树和完全二叉树

（1）满二叉树

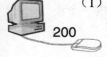

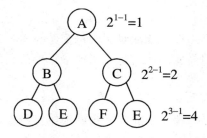

图 12-7　二叉树性质 1

一棵深度为 k 且有 2^k-1 个结点的二叉树称为满二叉树。其特点是：① 每一层上的结点数都达到最大值。即对给定的深度，它是具有最多结点数的二叉树。② 满二叉树中不存在度数为 1 的结点，每个结点均有两棵高度相同的子树，且树叶都在最下一层。

图 12-8 是一个深度为 4 的满二叉树。

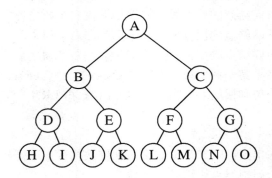

图 12-8　深度为 4 的满二叉树

（2）完全二叉树

若一棵二叉树至多只有最下面的两层上结点的度数小于 2，并且最下一层上的结点都集中在该层最左边的若干位置上，则此二叉树称为完全二叉树。

满二叉树是完全二叉树，完全二叉树不一定是满二叉树。在满二叉树的最下一层上，从最右边开始连续删去若干结点后得到的二叉树仍然是一棵完全二叉树。在完全二叉树中，若某个结点没有左孩子，则它一定没有右孩子，即该结点必是叶结点。

图 12-9 中，结点 C 没有左孩子而有右孩子 F，故它不是一棵完全二叉树。

图 12-10 是一棵完全二叉树。

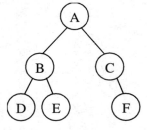

图 12-9　不完全二叉树

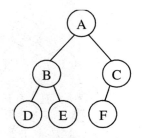

图 12-10　完全二叉树

5. 二叉树的遍历

所谓**遍历**是指沿着某条搜索路线，依次对树中每个结点做一次且仅做一次访问。访问结点所做的操作取决于具体问题的需要。遍历是二叉树最重要的运算之一，是在二叉树上进行其他运算的基础。

（1）遍历方案

从二叉树的递归定义可知，一棵非空的二叉树由根结点及左、右子树这三个基本部分组成。因此，在任一给定结点上，可以按某种次序执行三个操作：

访问结点本身（N）；遍历该结点的左子树（L）；遍历该结点的右子树（R）。

以上三种操作可以有 6 种执行次序：NLR、LNR、LRN、NRL、RNL、RLN。其中，前 3 种次序与后 3 种次序对称，故只讨论先左后右的前 3 种次序即可。

（2）三种遍历的命名

根据访问结点操作发生位置命名。

NLR：前序遍历，访问结点的操作发生在遍历其左右子树之前。

LNR：中序遍历，访问结点的操作发生在遍历其左右子树之间。

LRN：后序遍历，访问结点的操作发生在遍历其左右子树之后。

由于被访问的结点必是某子树的根，所以 N（Node）、L（Left subtree）和 R（Right subtree）又可解释为根、根的左子树和根的右子树。NLR、LNR 和 LRN 分别又称为先根遍历、中根遍历和后根遍历。

（3）遍历算法

中序遍历的递归算法定义：若二叉树非空，则依次执行如下操作：

　　　遍历左子树；访问根结点；遍历右子树。

前序遍历的递归算法定义：若二叉树非空，则依次执行如下操作：

　　　访问根结点；遍历左子树；遍历右子树。

后序遍历的递归算法定义：若二叉树非空，则依次执行如下操作：

　　　遍历左子树；　遍历右子树；　访问根结点。

例 12-6　给定一棵二叉树，如图 12-11 所示，判断是否为完全二叉树。如果是完全二叉树，判断是否为满二叉树。

分析：根据完全二叉树的定义可知，该树不是完全二叉树，因为 E 的左子树为空，而其右子树不为空。所以它不符合完全二叉树的定义，因此也一定不是满二叉树。

例 12-7　给定如图 12-12 所示的二叉树，分别写出它们的前序、中序、后序遍历。

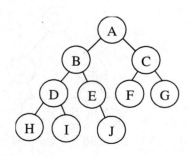

图 12-11　例 12-6

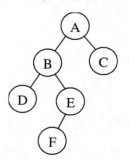

图 12-12　例 12-7

分析：根据三种遍历的定义，可得：① 前序遍历为 ABDEFC；② 中序遍历为 DBFEAC；③ 后序遍历为 DFEBCA。

例 12-8　一棵树的前序遍历为 ABDECFGHI，中序遍历为 DBEAFCHIG。请画出这棵树，并写出它的后序遍历。

分析：根据前序遍历的定义可知，前序序列中的第一个结点 A 是整棵树的根；在中序遍历中找到根，根左边的全部结点即是左子树的结点，根右边的全部结点即是右子树的结点。由此可画出该树的第一层结构：

之后，可用同样的方法分析左子树：左子树包括 D、B、E 三个结点，在前序遍历中最先出现的是 B，因此 B 是左子树的根结点；在中序遍历的左子树元素（D、B、E）中，左子树根 B 左边的 D 是 B 的左子树，左子树根 B 右边的 E 是 B 的右子树。由此可再画出该树的第二层结构中的左子树部分：

按照这样的方法进行递归分析，直到找到的每棵子树都不再有子树时，即得到整棵树的结构。最后的结果如图 12-13 所示。后序遍历为：DEBFIHGCA。

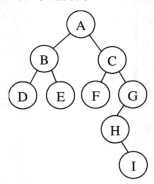

图 12-13　例 12-8

12.5　图

图是一种比较复杂的非线性结构。在人工智能、工程、数学、物理、化学和计算机科学等领域中，图结构有着广泛的应用。

12.5.1　图的定义

设图 G 由两个集合 V 和 E 组成，记为：G=(V，E)。其中 V 是顶点的有穷非空集合，E 是 V 中的顶点之间边的有穷集合。通常，也将图 G 的顶点集和边集分别记为 V(G) 和 E(G)。E(G) 可以是空集。若 E(G) 为空，则图 G 只有顶点而没有边。

12.5.2　有向图和无向图

1. 有向图

（1）有向边的表示

若图 G 中的每条边都是有方向的，则称 G 为有向图。在有向图中，一条有向边是顶点的有序对，用 "< >" 将这条边的两个端点括起来。例如<v_i, v_j>表示一条有向边，v_i 是边的始点（起点），v_j 是边的终点。因此，<v_i, v_j>和<v_j, v_i>是两条不同的有向边。

（2）有向图的表示

如图 12-14 所示 G_1 是一个有向图。图中边的方向是用从始点指向终点的箭头表示的，该图的顶点 V(G1)={1，2，3，4}，边的集合为 E(G1)={<1,2>, <1,3>, <2,4>, <3,2>}。

2. 无向图

若图 G 中的每条边都是没有方向的，则称 G 为无向图。

（1）无向边的表示

无向图中的边均是顶点的无序对。无序对通常用圆括号表示。

例如，无序对（v_i, v_j）和（v_j, v_i）表示同一条边。

（2）无向图的表示

下面如图 12-15 所示的 G_2 是无向图，它的顶点集合和边集合分别为：

V(G2)={1，2，3，4}，E(G2)={(1,2), (1,3), (2,3), (2,4)}。

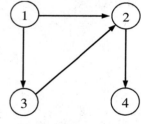
图 12-14　有向图

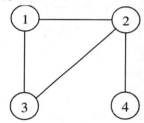
图 12-15　无向图

12.5.3　度、入度和出度

在无向图中，顶点 V 的度定义为关联于该顶点的边的数目。如图 12-15 所示中，顶点 1 的度为 2，顶点 2 的度为 3，顶点 3 的度为 2，顶点 4 的度为 1。

在有向图中，以顶点 V 为终点的边的数目，称为顶点 V 的入度；以顶点 V 为起点的边的数目，称为 V 的出度；顶点 V 的度就为出度和入度之和。如图 12-14 所示中，各顶点的度见表 12-1。

表 12-1　顶点的度

顶　　点	入　　度	出　　度	度
顶点 1	0	2	2
顶点 2	2	1	3
顶点 3	1	1	2
顶点 4	1	0	1

12.5.4　图的存储

图的存储方法有很多，这里简单地介绍邻接矩阵表示法。

图的邻接矩阵表示法：用一个一维数组来存储顶点的信息，用一个二维数组（即图的邻接矩阵）来存储图中边的信息，数组中的元素的值符合下面的规律：

$$a[i,j]=\begin{cases}1 & (i,j\ 之间有边存在);\\0 & (i,j\ 之间无边存在)。\end{cases}$$

例 12-9　写出图 12-16 和图 12-17 邻接矩阵。

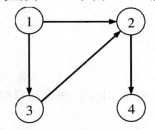

图 12-16　例 12-9 有向图

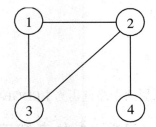

图 12-17　例 12-9 无向图

解答如下：

$$\begin{bmatrix} 0 & 1 & 1 & 0 \\ 0 & 0 & 0 & 1 \\ 0 & 1 & 0 & 0 \\ 0 & 0 & 0 & 0 \end{bmatrix} \qquad \begin{bmatrix} 0 & 1 & 1 & 0 \\ 1 & 0 & 1 & 1 \\ 1 & 1 & 0 & 0 \\ 0 & 1 & 0 & 0 \end{bmatrix}$$

图 12-16 的邻接矩阵　　　　　图 12-17 的邻接矩阵

➡ 习题 12

1. 选择题。

（1）下列不属于线性数据结构的是（　　　）。

　　A. 线性表　　　　　　　　　B. 队列

　　C. 栈　　　　　　　　　　　D. 树

（2）下列描述正确的是（　　　）。

　　A. 栈的操作是先进先出　　　B. 栈的操作是先进后出

　　C. 队列的操作是先进先出　　D. 队列的操作是先进后出

（3）给定栈的入栈序列 1，2，3，共有几种可能的出栈序列（　　　）。

　　A. 1　　　　　　　　　　　B. 2

　　C. 3　　　　　　　　　　　D. 5

（4）给定队列的入队顺序 1，2，3，共有几种可能的出队序列（　　　）。

　　A. 1　　　　　　　　　　　B. 2

C. 3   D. 4

2. 给定如图 12-18 所示一棵二叉树，写出它的前序、中序、后序遍历。

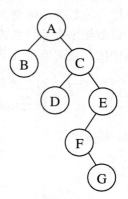

图 12-18　习题二

3. 一棵树的中序遍历为 BEDGFAC，后序遍历为 EGFDBCA，画出这棵树。

▶ 习题 12 参考答案

1.（1）D　　（2）BC　　（3）D　　（4）A

2. 前序遍历：ABCDEFG；中序遍历：BADCFGE；后序遍历：BDGFECA

3. 如图 12-19 所示。

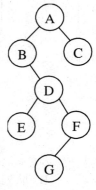

图 12-19　习题三

第13章 常用算法

通过对前面章节的学习，我们对算法有了简单的认识。算法就是解决问题的方法，它是编写程序的依据，是程序设计工作的基础。在计算机学科中，研究算法具有重要的意义。本章对常用的几种算法做一些简单介绍。

13.1 穷举法

在程序设计中，我们经常需要根据给定的一组条件来求满足条件的解。例如，求200以内的质数，求各位数字的立方和与其本身相等的三位数，等等。如果能找到明确的求解公式或计算规则，那么就可以很容易地写出相应的程序。但是，对于许多问题，我们都难以找到明确的公式和计算规则。遇到这样的问题怎么办呢？**穷举法**是比较适合解决这类问题的一种算法。其基本思路是：根据问题给定的一部分条件，列出所有的可能解，然后再逐一验证哪些可能解能够满足问题的全部条件，从而得到问题的真正的解。显然，穷举法是基于计算机的"快速运行"这一特点设计的算法。穷举法又叫做枚举法。

穷举法是效率最低的一种算法，因为它需要列举出许多个可能解（这些可能解中也许只有很少一部分才是真正的解），程序往往需要运行很长时间。但是，穷举法的优点也很明显。穷举法的思路简单，容易编写程序，只要时间足够，穷举法能够很容易地求出问题的全部正确解。设计穷举算法时，我们应该尽可能多地将不符合条件的情况预先排除，以便尽快求出问题的解。

穷举法的算法模式为：

（1）根据部分条件，确定可能解的范围（一般通过循环结构来实现）；

（2）用其余的条件对可能解进行验证，确定是否为真正的解；

（3）用优化语句缩小搜索范围，跳过一些显然不正确的可能解，缩短程序进行时间。

例 13-1 找出 100 以内的所有质数。

分析：质数具有很明显的特征，即"只能被自身和 1 整除"，但是没有明显的计算公式，因此适合使用穷举法。

首先确定可能解的范围：1 到 100 之间的全部整数。

验证条件为：若数 n 不能被 2 到 n–1 之间的任何整数整除，则 n 是质数。

程序如下：

```
program p13_1;
var
  n,m:integer;
  bl:boolean;           {指示 n 是否为质数}
begin
  for n:=2 to 100 do      {可能解的范围是 2 到 100 之间的整数}
```

```pascal
begin
  bl:=true;                {先假设此数是质数}
  for m:=2 to n-1 do       {用 2 到 n-1 之间的整数逐一去除 n}
    if n mod m=0 then      {若其中有某一个数能够整除 n}
      bl:=false;           {则 n 不是质数}
  if bl then               {若 2 到 n-1 之间没有数能够整除 n}
    write(' ',n);          {则 n 是质数，输出 n}
  end;
end.
```

注意：虽然我们可以解决上述问题，但是如果要找 3 000 或更大的数内的质数，计算机执行循环次数会很多。所谓程序优化就是在保证程序结果正确前提下精简程序的过程。

思考：编写查找 1～100 中偶数并输出的程序。

例 13-2 古希腊人称因子的和等于数本身的数叫完全数（自身因子除外），编写一程序求 2～10 000 内的所有完全数。

分析：所谓因子是指能被本数整除的数。如 28 的因子是 1、2、4、7、14。且 1+2+4+7+14=28 则 28 是一个完全数。因此，确定搜索范围是 2～10 000。根据完全数的定义，先找出所有因子，再验证所有因子之和是否等于该数。

程序如下：

```pascal
program p13_2(input,output);
var
  m,n,k:integer;
begin
  for m:=2 to 10000 do {检查 2～10000 中的每一个数}
    begin
      k:=0;
      for n:=1 to m-1 do    {用小于所取的数来搜索本数的因子}
      if m mod n=0 then k:=k+n;   {若 n 是 m 的因子，因子的累加器 k 进行累加}
      if m=k then write(m,' ');    {因子之和与本数相等,则 m 为完全数,输出}
    end;
end.
```

思考：如果对上题要求输出格式为 28=14+7+4+2+1，程序应如何修改？

13.2 排序算法

在现实问题中经常需要对数据进行排序，例如年龄排序、成绩排序等。排序算法的类型非常丰富，这里介绍几种常用的排序算法。

13.2.1 冒泡排序

冒泡排序算法的基本思想是：将待排序的数据序列看作竖直排列的一串"气泡"，值较小

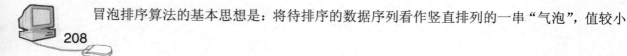

的数据比较轻，因此要往上浮。在冒泡排序算法中，我们要对这个"气泡"序列处理若干遍。所谓处理，就是自底向上检查一遍这个序列，并时刻注意两个相邻的记录的顺序是否正确。如果发现两个相邻记录的顺序不对，即"轻"的记录在下面，就交换他们的位置。显然，处理一遍之后，"最轻"的记录就浮到了最高位置。处理两遍之后，"次轻"的记录就浮到了次高位置。在作第二遍处理时，由于最高位置上的记录是"最轻"记录，所以不必检查。一般地，第 i 遍处理时，不必检查第 i 高位置的记录，因为经过前面 $i-1$ 遍的处理，它们已正确地排好序了。

例如：给定序列为 12，3，46，28，2，9，用冒泡排序的算法将序列排成从小到大的升序序列。

原序列　　12　　3　　46　　28　　2　　9
第 1 遍：　2　　12　　46　　28　　3　　9

说明：12 与其后数据比较,因为 12>3,与 3 交换,所以序列变为：3　12　46　28　2　9,然后 3 与 46、28 比较不交换,再与 2 比较,因为 3>2,所以 3 与 2 交换,序列变为 2　12　46　28　3　9,然后 2 与 9 比较不交换。

同理，

第 2 遍：　　2　3　46　28　12　9
第 3 遍：　　2　3　9　46　28　12
第 4 遍：　　2　3　9　12　46　28
第 5 遍：　　2　3　9　12　28　46

冒泡排序的主结构：

```
for i:=1 to n-1 do
  for j:=i+1 to n do
    if a[i]>a[j] then {交换 a[i]和 a[j]}  {降序将">"换成"<"即可}
```

例 13-3　给定数据序列长度 n，将该数列排成从大到小的降序序列。

程序如下：

```
program p13_3;
var a:array[1..200] of integer;
  n,i,j,temp:integer;
begin
  read(n);
  for i:=1 to n do
    read(a[I]);
  for i:=1 to n-1 do
    for j:=i+1 to n do
      if a[i]<a[j] then
                    begin
                      temp:=a[i];
                      a[i]:=a[j];
                      a[j]:=temp;
```

```
        end;
    for i:=1 to n do
    write(a[i]:4);
    end.
```

13.2.2 插入排序

基本思想：设已有 *n* 个数据已按照要求排列好，存放在数组之中。将一个待排序的数据元素，插入到前面已经排好序的数列中的适当位置，使数列依然有序；直到待排序数据元素全部插入完为止。

示例：设 *n*=8，有下列 8 个数，要求从小到大的顺序排列，每次插入时数据的变化如下。

```
初始：   [49] 38  65  97  76  13  27  49
J=1(38)：[38   49] 65  97  76  13  27  49
J=2(65)：[38   49  65] 97  76  13  27  49
J=3(97)：[38   49  65  97] 76  13  27  49
J=4(76)：[38   49  65  76  97] 13  27  49
J=5(13)：[13   38  49  65  76  97] 27  49
J=6(27)：[13   27  38  49  65  76  97] 49
J=7(49)：[13   27  38  49  49  65  76  97]
```

其中，每一步，括号（   ）内的数为待插入数据，[ ]内为已排好的数列

```pascal
procedure InsertSort(var r : FileType);
{对 r[1..n] 按递增序进行插入排序,r[0]是监视哨 filetype 为数组类型}
begin
  for i :=2 to n do        {依次插入 r[2],...,r[n]}
    begin
    r[0] :=r[i]; j :=i-1;      {r〔0〕待插入的数据}
    while r[0] < r[j] do       {查找 r[i] 的插入位置}
      begin
      r[j+1] :=r[j];          {将大于 r[i] 的元素后移}
      j :=j - 1;
      end;
    r[j+1] :=r[0] ;        {插入 r[i]}
    end;
end;
```

13.2.3 快速排序

快速排序是在冒泡排序基础上的优化排序法，几乎是目前所有排序方法中速度最快的方法。在快速排序中，数据比较是从两端向中间进行的，一次同时从两个子序列中进行比较定

位，减少了比较次数和交换次数。

基本思想：在当前无序区 $R[1..H]$ 中任取一个数据元素作为比较的"基准"（不妨记为 X），用此基准将当前无序区划分为左右两个较小的无序区：$R[1..I–1]$ 和 $R[I+1..H]$，且左边的无序子区中数据元素均小于等于基准元素，右边的无序子区中数据元素均大于等于基准元素，而基准 X 则位于最终排序的位置上，即 $R[1..I–1] \leq X \leq R[I+1..H] (1 \leq I \leq H)$，当 $R[1..I–1]$ 和 $R[I+1..H]$ 均非空时，分别对它们进行上述的划分过程，直至所有无序子区中的数据元素均已排序为止。

示例：设 $n=8$，有下列 8 个数，要求从小到大的顺序排列，每次交换时数据的变化如下：
初始　[49 38 65 97 76 13 27 49]
一次划分过程（选第一个元素 49 为基准，I 从左向右移动，J 从右向左移动）：
各趟排序之后的状态：
第一次交换后　　[27 38 65 97 76 13 49 49]
第二次交换后　　[27 38 49 97 76 13 65 49]
J 向左扫描，位置不变，第三次交换后　[27 38 13 97 76 49 65 49]
I 向右扫描，位置不变，第四次交换后　[27 38 13 49 76 97 65 49]

通过一次划分，将 49 放在它应有的位置，然后再对它左、右两个序列进行快速排序，每次的结果如下：
初始　[49 38 65 97 76 13 27 49]
一趟排序之后，划分子序列，[27 38 13]　49　[76 97 65 49]
二趟排序之后　[13]　27　[38]　49　[49 65]　76　[97]
三趟排序之后　13　27　38　49　49　[65]　76　97
最后的排序结果　13　27　38　49　49　65　76　97

　用子程序形式描述如下：

```
procedure Parttion;
var r : filetype;
  l, h : integer;   {filetype 为数组类型，l 指向序列左，h 指向序列右}
var i : integer);
{对无序区 r[1,h] 做划分，i 给以出本次划分后已被定位的基准元素的位置 }
begin
  i :=1; j :=h; x :=r[i] ;          {初始化，x 为基准}
  repeat
    while (r[j] >=x) and (i < j) do
    j :=j - 1;              {从右向左扫描，查找第 1 个小于 x 的元素}
    if i < j then          {已找到 r[j] < x}
      begin
      r[i] :=r[j];          {相当于交换 r[i] 和 r[j]}
      i :=i+1;
      end;
    while (r[i] <=i) and (i < j) do
```

```
    i :=i+1;                {从左向右扫描，查找第 1 个大于 x 的元素}
  if i < j then             {已找到 r[i] > x }
    begin
      r[j] :=r[i];              {相当于交换 r[i] 和 r[j]}
      j :=j - 1;
    end
  until i=j;
  r[i] :=x ;           {基准 x 已被最终定位}
end;             {Partition }
```

13.3　回溯算法

回溯算法是一种搜索算法，适用于根据一组给定的条件来搜索问题的解。

例 13-4　从 1 到 X 这 X 个数字中选出 N 个，排成一列，相邻两数不能相同，求所有可能的排法。每个数可以选用零次、一次或多次。例如，当 $N=3$、$X=3$ 时，排法有 12 种：121、123、131、132、212、213、231、232、312、313、321、323。

分析：以 $N=3$，$X=3$ 为例，这个问题的每个解可分为三个部分：第一位，第二位，第三位。先写第一位，第一位可选 1、2 或 3，根据从小到大的顺序，我们选 1；那么，为了保证相邻两数不同，第二位就只能选 2 或 3 了，我们选 2；最后，第三位可以选 1 或 3，我们选 1；这样就得到了第一个解 121。然后，将第三位变为 3，就得到了第二个解 123。此时，第三位已经不能再取其他值了，于是返回第二位，看第二位还能变为什么值。第二位可以变为 3，于是可以在 13 的基础上再给第三位赋予不同的值 1 和 2，得到第三个解 131 和 132。此时第二位也已经不能再取其他值了，于是返回第一位，将它变为下一个可取的值 2，然后按顺序变换第二位和第三位，得到 212、213、231　232。这样，直到第一位已经取过了所有可能的值，并且将每种情况下的第二位和第三位都按上述思路取过一遍，此时就已经得到了该问题的全部解。

由以上过程可以看出，回溯法的思路是：问题的每个解都包含 N 部分，先给出第一部分，再给出第二部分，…直到给出第 N 部分，这样就得到了一个解。若尝试到某一步时发现已经无法继续，就返回到前一步，修改已经求出的上一部分，然后再继续向后求解。这样，直到回溯到第一步，并且已经将第一步的所有可能情况都尝试过之后，即可得出问题的全部解。

程序如下：

```
program p13_4;
const
  n=3;  x=3;
var
  a:array[1..n] of 0..x;
  p,c,i:integer;
begin
  writeln;
```

```
        p:=1;              {从第一位开始}
        c:=1;              {从 1 开始选数字}
        repeat
          repeat
            if (p=1) or (c<>a[p-1]) then        {第一位可填任意数}
              begin
                a[p]:=c;            {将数字 c 填到第 p 位上}
                if p=n then    {若已填到最后一位，则表明已求出了一个解}
                  begin
                    for i:=1 to n do
                      write(a[i]);          {显示这个解}
                    writeln;
                  end;
                p:=p+1;            {继续下一位}
                c:=1;          {下一位从 1 开始}
              end
            else
              c:=c+1;            {下一位仍然从 1 开始选数字}
          until (p>n) or (c>x); {直到已填完末位，或本位再无数字可选}
          repeat
            p:=p-1;            {向前回溯}
          until (a[p]<x) or (p=0); {回溯到尚有选择余地的一位，或到首位}
          if p>0 then            {若非首位，则将该位变为下一个可取的数字}
            c:=a[p]+1;
        until p=0;            {将第一位回溯完毕后，程序结束}
      end.
```

13.4　递 推 法

13.4.1　递推法概念

递推法是一种数学方法，它是计算机用于数值计算中的一个重要算法。所谓递推是指针对问题利用已知条件一步一步地推出问题的解，或从问题一步一步地推出条件。引入一个例子来说明递推概念。例如：有一组数规律如下：0，5，5，10，15，25，40，…，x_n，…，我们要求 x_n 值，要根据前面序列数的规律找出一种运算关系。如：5=5+0，10=5+5，15=5+10，25=10+15，40=15+25，…，$x_n=x_{n-1}+x_{n-2}$，…。所以，当我们知道 n 的值时，如 $n=10$，就可以通过前面的规律导出：每一个数就是前两个数相加得到的，$n=10$ 对应的数 x_n 应推出为 175。

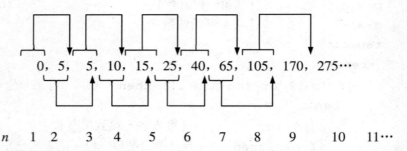

$$n \quad 1 \quad 2 \quad 3 \quad 4 \quad 5 \quad 6 \quad 7 \quad 8 \quad 9 \quad 10 \quad 11\cdots$$

13.4.2 递推算法特点

一个问题的求解需要一系列的计算，而已知条件和所求问题之间具有某种相互联系。如果可以找到计算过程之间的数量关系，通过这个关系可以从条件推出要解决的问题（也叫顺推）或者从问题推出已知条件（也叫逆推），这种关系被称为递推式。这种算法可以将比较复杂的运算分成若干步重复的简单运算，充分发挥计算机运算速度快的特点。

例 13-5 对上面的数字序列进行程序，求第 n 项数值。

分析：由上面的分析可以得到 $x_n=x_{n-1}+x_{n-2}$，这就是此题的数量关系式，也叫递推式。同时又有了初值 $x=0$，$y=5$。根据递推算法导出程序如下：

```
program p13_5(input,output);
  var x,y,z:longint;              {x,y,z 存放数据序列中的数据}
      i,n:integer;
begin
  write('input n:');
  read(n);                {输入所求数据位，即 n 值}
  x:=0;                {第一个数为 0}
  y:=5;                {第二个数为 5}
  for i:=3 to n do        {从第三个数开始通过循环来实现递推式}
    begin
      z:=y+x;            {递推式}
      x:=y;y:=z;            {不断改变 x,y 值，使 x,y 一直代表前两个数}
    end;
  write(z)
end.
```

例 13-6 长青小学五年级一班的学生为了保护环境，利用星期日去山上植树，需要组织一部分男学生去山下水库抬水浇树（两人一组），先将这些学生排成两列纵队，可以有多少种不同组合方法。（根据个子高低，每位同学只能与同一排或前后同学组合）

分析：我们先来看一下如果就安排两名男生，甲　乙，只有一种方法；

甲 ↕ ←——→ ↕ 乙

若是 4 名男生：方法一：甲1乙1，甲2乙2。方法二：甲1甲2，乙1乙2。

甲 1 ♦ ←————→ ♦ 乙 1　甲 1 ♦　♦乙 1

甲 2 ♦ ←————→ ♦ 乙 2　甲 2 ♦ ↕ ↕ ♦ 乙 2

若是 6 名男生：

甲 1 ♦ ←————→ ♦乙 1　甲 1 ♦ ←————→ ♦乙 1

甲 2 ♦ ←————→ ♦乙 2　甲 2 ♦　　　♦乙 2

甲 3 ♦ ←————→ ♦乙 3　甲 3 ♦ ↕ 　♦乙 3

甲 1 ♦ 　♦乙 1

甲 2 ♦ ↕ ♦乙 2

甲 3 ♦ ←————→ ♦乙 3

组合方法

方法一：甲 1 乙 1，甲 2 乙 2，甲 3 乙 3。

方法二：甲 1 乙 1，甲 2 甲 3，乙 2 乙 3。

方法三：甲 1 甲 2，乙 1 乙 2，甲 3 乙 3。

因此我们得出队列的排数与组合的方法数有如下关系：

两列纵队有　一排　　（2 个人）　组合方法 一种即：$x_1=1$

　　　　　　二排　　（4 个人）　二种即：$x_2=2$

　　　　　　三排　　（6 个人）　三种即：$x_3=x_1+x_2$

　　　　　　　⋮　　　　⋮　　　　　　　⋮

最终导出有 n 排时（有 $2n$ 个人）组合方法是：$x_n=x_{n-1}+x_{n-2}$。

此题的递推式是从问题推到已知：从 $x_n=x_{n-1}+x_{n-2}$，推到 $x_{n-1}=x_{n-2}+x_{n-3}$，⋯⋯推到 $x_2=2$，$x_1=1$。

程序如下：

```pascal
program p13_6(input,output);
var
  x,y,z:longint;
  j,n:integer;
begin
  read(n);
  x:=0;
  y:=1;
  for j:=1 to n do          {设循环变量 j 为纵队的排数}
    begin
      z:=x+y;               {z 是不同排数时的组合方法数}
      x:=y;y:=z;
    end;
```

```
write('有',n,'排男生参加抬水组合方法有'，z)
  end.
```

思考：自己能找出还有哪些问题可以用递推算法来解决？

递归就是函数或过程的调用，递归包括直接递归和间接递归。能用递归算法来求解的问题一般应该满足三个条件即：需要解决的问题可以化为子问题，而子问题的求解方法与原问题的求解方法相同，只有数量的差别；递归调用的次数有限；有递归结束的条件。因此，分析每一个问题首先要按以上三条来检查一下是否适合应用递归算法。

例 13-7 用递归方法编写程序，根据 n 的值运算 f 的结果，关系式如下：（也是斐波那契数列中第 n 个数的求解关系式）

$$f_n = \begin{cases} 0 & n=0, \\ 1 & n=1, \\ f_{n-1}+f_{n-2} & n>1. \end{cases}$$

算法 1：利用递归
程序如下：

```
program p13_7a(input,outpu);
var
  m,p:integer;
  function fib(n:integer):integer;
begin
  if n=0 then fib:=0
    else if n=1 then fib:=1
      else fib:=fib(n-1)+fib(n-2)
end;
begin
  readln(m);
  p:=fib(m);
  writeln(p)
end.
```

这是一个直接调用函数本身的直接递归法，它是根据从大到小的处理方法，也就是先把 fib(n)拆分为 fib($n-1$)和 fib($n-2$)，直拆分到 fib(0)和 fib(1)结束，递归次数最多 2^{n-1} 次。

递归使一些复杂的问题处理起来简单明了，尤其在学习算法设计、数据结构时更能体会到这一点。但是，递归在每次执行时都要为局部变量返回地址分配栈空间，这就降低了运行效率，也就影响了递归算法的应用。

算法 2：
递推算法按从小到大顺序讨论

```
fib(0)=0,fib(1)=1,fib(2)=fib(1)+fib(0)=1···
fib(n)=fib(n-1)+fin(n-2)
```

程序如下：

```
program p13_7b(input,output);
var
  n,m:integer;
  f:array[0..20] of integer;
begin
  f[0]:=0;
  f[1]:=1;
  readln(n);
  for m:=2 to n do
    f[m]:=f[m-1]+f[m-2];
  writeln('f[',n,']=',f[n])
end.
```

通过这两个程序的比较，我们可以看到递推算法比递归算法效率要高得多。

习题 13

1. 选择题

（1）给定原始数据序列是有序的，对该序列进行排序，采用下列哪种排序方法最好（　　）。

　　A. 快速排序　　B. 插入排序　　　　C. 选择排序　　D. 冒泡排序

（2）给定长度为 n 的数据序列采用冒泡法进行排序，则比较的次数为（　　）。

　　A. n　　　　B. n^2　　　　　　C. $2n$　　　　D. $n(n-1)^2/2$

（3）给定长度为 n 的数据序列采用插入排序法进行排序，则比较的次数最多为（　　）。

　　A. n　　　　B. $n(n-1)/2$　　　C. $2n$　　　　D. $n(n-1)$

2. 编程题

（1）给定长度为 $n(n<=500)$ 的数据序列，将其排成从小到大的数据序列，并输出每个数据的原始输入顺序。例如，

输入：

5

1 3 2 7 6

输出：

　　1　1

　　2　3

　　3　2

　　6　5

　　7　4

（2）找出 1 到 3 000 中的能被 17 整除的数据并输出显示。

（3）编写一个程序对于给定的一个自然数 n，找出满足关系式 $s=q^n+p^n$，且 p、q、s 是自然数并都小于 1 000 的 s 值？

（4）在 $n \times n$ 的国际象棋上的某一位置上放置一个马，然后采用象棋中"马走日字"的规

217

划，要求马能不重复地走完 $n \times n$ 个格子，用回溯方法解决。

（5）用迭代方法求 $y = \sqrt[3]{x}$ 的值，x 由键盘输入，初始值是 $y_0 = x$，迭代公式是 $y_{n+1} = \dfrac{2}{3} y_n + \dfrac{x}{3 y_n^2}$，要求误差小于 10^{-6}。

（6）某班级为了表彰在运动会上表现优秀者，班委会决定利用剩余的班费来购买奖品。奖品的价钱分为 6 元、5 元、4 元三种，为了能使购买的奖品数量达到最多，请设计一段程序。

◼◼◼◼➡ 习题 13 参考答案

1.（1）B　（2）D　（3）B

2.

（1）程序如下：

```pascal
program ex13_1(input,output);
var
    a:array[1..500,1..2] of integer;
    n,i,j,temp,num:integer;
begin
    read(n);
    for i:=1 to n do
     begin
       read(a[i,2]);
       a[i,1]:=i;
     end;
    for i:=1 to n-1 do
    for j:=i+1 to n do
       if a[i,2]>a[j,2] then
        begin
          temp:=a[i,2];
          a[i,2]:=a[j,2];
          a[j,2]:=temp;
          num:=a[i,1];
          a[i,1]:=a[j,1];
          a[j,1]:=num;
        end;
      for i:=1 to n do
       writeln(a[i,2]:4,a[i,1]:4);
end.
```

（2）程序如下：

```pascal
program ex13_2(input,output);
```

```pascal
var
  n:integer;
  begin
for n:=1 to 3000 do
  begin
    if n mod 17=0 then
      write(' ',n);
  end;
end.
```

（3）程序如下：

```pascal
program ex13_3(input,output);
var
  i,k,l,q,p,s,n:integer;
begin
writeln('指数 N 值：');
readln(n);
for q:=1 to 1000 do
  for p:=1 to 1000 do
    begin
      s:=0;
      k:=1;
      l:=1;
      for i:=1 to n do
        begin
          k:=k*q;
          l:=l*p;
        end;
      s:=k+l;
      if s<=1000 then
        if s>0 then write(s,',')
    end;
end.
```

（4）程序如下：

```pascal
program ex13_4(input,output);
const
  n=8;nm=64;
type index=1..n;
var
  i,j:index;
```

```pascal
  q:boolean;
  a:array[1..2,1..n] of integer;
  b:array[1..n,1..n]of integer;
procedure try(x,y:index;i:integer;var q:boolean);
var
  k,u,v:integer;
  q1:boolean;
begin
  k:=0;
  repeat
    k:=k+1;
    q1:=false;
    u:=x+a[1,k];
    v:=y+a[2,k];
    if (1<=u)and (u<=8) and (1=v) and (v<=8)
             then
               if b[u,v]=0 then
                  begin
                    b[u,v]:=i;
                      if i<nm then
                        begin
                          try (u,v,I+1,q1);
                          if not q1 then b[u,v]:=0;
                        end
                      else q1:=true;
                  end;
        until q1 or (k=8);
        q:=q1;
    end;
begin
  a[1,1]:=-1;a[2,1]:=2;a[1,2]:=-2;a[2,2]:=1;a[1,3]:=-2;
  a[2,3]:=-1;
  a[1,4]:=-1;a[2,4]:=-2;a[1,5]:=1;a[2,5]:=-2;a[1,6]:=2;
  a[2,6]:=-1;
  a[1,7]:=2;a[2,7]:=1;a[1,8]:=1;a[2,8]:=2;
  for i:=1 to n do
  for j:=1 to n do
    b[i,j]:=0;
    b[1,1]:=1;
```

```
    try(1,1,2,q);
    if q then
      for i:=1 to n do
        begin
          for j:=1 to n do
            write(b[I,j]:5);
            writeln;
        end
        else writeln('没有结果');
    end.
```

（5）程序如下：

```
    program ex13_5(input,output);
    const
      k=0.000001;
    var
      x,y1,y2:real;
    begin
      write('请输入 X 值:');
      read(x);
      y1:=x;
      y2:=x;
      repeat
        y1:=y2;
        y2:=2/3*y1+x/(3*y1*y1)
      until abs(y2-y1)<k;

      write(x,',',' ³√x =',y2);

    end.
```

（6）程序如下：

```
    program ex13_6(input,output);
    label 10;
    var
      x,a,b,c,n,i,j,k:integer;
    begin
      writeln('输入班费: ');
      readln(x);
      a:=x div 6;
      b:=x div 5;
      c:=x div 4;
```

```pascal
for i:=0 to a do
  for j:=0 to b do
    for k:=1 to c do
      begin
        if 6*i+5*j+4*k=x
          then
            begin
              n:=i+j+k;
              writeln('最多的奖品数：',n);
              goto 10;
            end;
      end;
  if 6*i+5*j+4*k<>x then writeln('所剩余的班费不能正好用尽');
  10:
end.
```

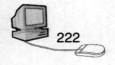

第十三届全国青少年信息学奥林匹克联赛初赛试题

（普及组 Pascal 语言　两小时完成）

●● 全部试题答案均要求写在答卷纸上，写在试卷纸上一律无效 ●●

一、单项选择题（共 20 题，每题 1.5 分，共计 30 分。每题有且仅有一个正确答案）。

1. 在以下各项中，（　　　）不是 CPU 的组成部分。
   A. 控制器　　　　　B. 运算器　　　　　C. 寄存器　　　　　D. 主板

2. 在关系数据库中，存放在数据库中的数据的逻辑结构以（　　　）为主。
   A. 二叉树　　　　　B. 多叉树　　　　　C. 哈希表　　　　　D. 二维表

3. 在下列各项中，只有（　　　）不是计算机存储容量的常用单位。
   A. Byte　　　　　B. KB　　　　　C. UB　　　　　D. TB

4. ASCII 码的含义是（　　　）。
   A. 二一十进制转换码　　　　　　　　B. 美国信息交换标准代码
   C. 数字的二进制编码　　　　　　　　D. 计算机可处理字符的唯一编码

5. 一个完整的计算机系统应包括（　　　）。
   A. 系统硬件和系统软件　　　　　　　B. 硬件系统和软件系统
   C. 主机和外部设备　　　　　　　　　D. 主机、键盘、显示器和辅助存储器

6. IT 的含义是（　　　）。
   A. 通信技术　　　　B. 信息技术　　　　C. 网络技术　　　　D. 信息学

7. LAN 的含义是（　　　）。
   A. 因特网　　　　　B. 局域网　　　　　C. 广域网　　　　　D. 城域网

8. 冗余数据是指可以由其他数据导出的数据，例如，数据库中已存放了学生的数学、语文和英语的三科成绩，如果还存放三科成绩的总分，则总分就可以看作冗余数据。冗余数据往往会造成数据的不一致，例如，上面 4 个数据如果都是输入的，由于操作错误使总分不等于三科成绩之和，就会产生矛盾。下面关于冗余数据的说法中，正确的是（　　　）。
   A. 应该在数据库中消除一切冗余数据
   B. 用高级语言编写的数据处理系统，通常比用关系数据库编写的系统更容易消除冗余数据
   C. 为了提高查询效率，在数据库中可以适当保留一些冗余数据，但更新时要做相容性检验
   D. 做相容性检验会降低效率，可以不理睬数据库中的冗余数据

9. 在下列各软件中，不属于 NOIP 竞赛（复赛）推荐使用的语言环境有（　　　）。
   A. gcc　　　　　B. g++　　　　　C. Turbo C　　　　　D. free pascal

10. 以下断电之后仍能保存数据的有（　　　）。
    A. 硬盘　　　　　B. 高速缓存　　　　C. 显存　　　　　D. RAM

 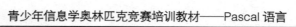
11. 在下列关于计算机语言的说法中，正确的有（　　）。

　　A. 高级语言比汇编语言更高级，是因为它的程序的运行效率更高

　　B. 随着 Pascal、C 等高级语言的出现，机器语言和汇编语言已经退出了历史舞台

　　C. 高级语言程序比汇编语言程序更容易从一种计算机移植到另一种计算机上

　　D. C 是一种面向对象的高级计算机语言

12. 近 20 年来，许多计算机专家都大力推崇递归算法，认为它是解决较复杂问题的强有力的工具。在下列关于递归算法的说法中，正确的是（　　）。

　　A. 在 1977 年前后形成标准的计算机高级语言"FORTRAN77"禁止在程序使用递归，原因之一是该方法可能会占用更多的内存空间

　　B. 和非递归算法相比，解决同一个问题，递归算法一般运行得更快一些

　　C. 对于较复杂的问题，用递归方式编程一般比非递归方式更难一些

　　D. 对于已经定义好的标准数学函数 sin(x)，应用程序中的语句"y=sin(sin(x));"就是一种递归调用

13. 一个无法靠自身的控制终止的循环称为"死循环"，例如，在 C 语言程序中，语句"while(1) printf("*");"就是一个死循环，运行时它将无休止地打印*号。下面关于死循环的说法中，只有（　　）是正确的。

　　A. 不存在一种算法，对任何一个程序及相应的输入数据，都可以判断是否会出现死循环，因而，任何编译系统都不做死循环检验

　　B. 有些编译系统可以检测出死循环

　　C. 死循环属于语法错误，既然编译系统能检查各种语法错误，当然也应该能检查出死循环

　　D. 死循环与多进程中出现的"死锁"差不多，而死锁是可以检测的，因而，死循环也可以检测的

14. 在 Pascal 语言中，表达式（23 or 2 xor 5）的值是（　　）

　　A. 18　　　　　　B. 1　　　　　　C. 23　　　　　　D. 32

15. 在 pascal 语言中，判断整数 a 等于 0 或 b 等于 0 或 c 等于 0 的正确的条件表达式是（　　）

　　A. not((a<>0)or(b<>0)or(c<>0))　　　　B. not((a<>0)and(b<>0)and(c<>0))

　　C. not((a=0)and(b=0))or(c<>0)　　　　D. (a=0)and(b=0)and(c=0)

16. 地面上有标号为 A、B、C 的 3 根细柱，在 A 柱上放有 10 个直径相同中间有孔的圆盘，从上到下依次编号为 1，2，3，……，将 A 柱上的部分盘子经过 B 柱移入 C 柱，也可以在 B 柱上暂存。如果 B 柱上的操作记录为："进，进，出，进，进，出，出，进，进，出，进，出，出"。那么，在 C 柱上，从下到上的盘子的编号为（　　）。

　　A. 2 4 3 6 5 7　　　B. 2 4 1 2 5 7　　　C. 2 4 3 1 7 6　　　　D. 2 4 3 6 7 5

17. 与十进制数 1770 对应的八进制数是（　　）。

　　A. 3350　　　　　B. 3351　　　　　C. 3352　　　　　D. 3540

18. 设 A=B=true，C=D=false，以下逻辑运算表达式值为假的有（　　）。

　　A. $(\neg A \wedge B) \vee (C \wedge D \vee A)$　　　　　B. $\neg (((A \wedge B) \vee C) \wedge D)$

　　C. $A \wedge (B \vee C \vee D) \vee D$　　　　　D. $(A \wedge (D \vee C)) \wedge B$

19. $(2070)_{16} + (34)_8$ 的结果是 （　　　）。

    A. $(8332)_{10}$　　　　　B. $(208A)_{16}$　　　　C. $(100000000110)_2$　　　D. $(20212)_8$

20. 已知 7 个结点的二叉树的先根遍历是 1 2 4 5 6 3 7（数字为结点的编号，以下同），中根遍历是 4 2 6 5 1 7 3 ，则该二叉树的后根遍历是（　　　）。

    A. 4 6 5 2 7 3 1　　　　B. 4 6 5 2 1 3 7　　　C. 4 2 3 1 5 4 7　　　D. 4 6 5 3 1 7 2

二、问题求解（共 2 题，每题 5 分，共计 10 分）

1. （子集划分）将 n 个数 {1, 2, …, n} 划分成 r 个子集。每个数都恰好属于一个子集，任何两个不同的子集没有共同的数， 也没有空集。将不同划分方法的总数记为 $S(n,r)$。例如，$S(4,2)=7$ ，这 7 种不同的划分方法依次为 {(1),(234)}, {(2),(134)}, {(3),(124)}, {(4),(123)}, {(12),(34)}, {(13),(24)}, {(14),(23)}。当 n=6,r=3 时，$S(6,3)=$ _____。

（提示：先固定一个数，对于其余的 5 个数考虑 $S(5,3)$ 与 $S(5,2)$，再分这两种情况对原固定的数进行分析）。

2. （最短路线）某城市的街道是一个很规整的矩形网格（见下图），有 7 条南北向的纵街，5 条东西向的横街。现要从西南角的 A 走到东北角的 B，最短的走法共有多少种？
_____.

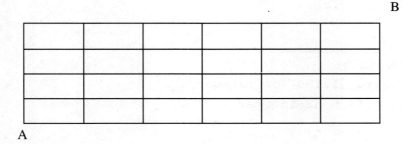

三、阅读程序写结果（共 4 题，每题 8 分，共计 32 分）

1.
```pascal
program j301;
  var i,a,b,c,x,y:integer;
      p:array[0..4] of integer;
  begin
    y:=20;
    for i:=0 to 4  do read(p[i]);
    readln;
    a:=(p[0]+p[1])+(p[2]+p[3]+p[4]) div 7;
    b:=p[0]+p[1] div ((p[2]+p[3])div p[4]);
    c:=p[0]*p[1] div p[2];
    x:=a+b-p[(p[3]+3)mod 4];
     if(x>10)
       then y:=y+ (b*100-a) div(p[p[4] mod 3]*5)
       else
```

```
        y:=y+20+(b*100-c)div (p[p[4] mod 3]*5);
        writeln(x,',',y);
      end.
```

{注：本例中，给定的输入数据可以避免分母为 0 或数组元素下标越界。}

输入：6 6 5 5 3 输出：_____

```
2. program j302;
   var a,b:integer;
   var x,y:^integer;
   procedure fun(a,b:integer);
     var k:integer;
begin k:=a; a:=b; b:=k; end;
begin
   a:=3; b:=6;
   x:=@a; y:=@b;
   fun(x^,y^);
   writeln(a,',',b);
end.
```

输出：_____

```
3. program j303;
   var a1:array[1..50] of integer;
   var i,j,t,t2,n,n2:integer;
   begin
    n:=50;
    for i:=1 to n do a1[i]:=0;
    n2:=round(sqrt(n));
    for i:=2 to n2 do
     if(a1[i]=0) then
     begin
       t2:=n div i;
       for j:=2 to t2 do a1[i*j]:=1;
     end;
   t:=0;
   for i:=2 to n do
   if (a1[i]=0) then
     begin
       write(i:4);  inc(t);
       if(t mod 10=0) then writeln;
     end;
    writeln;
```

```pascal
end.
输出:_____

      _____

4. program j304;
   type str1=string[100];
        str2=string[200];
    var s1:str1;
        s2:str2;
   function is alpha(c:char):boolean;
   var i:integer;
   begin
    i:=ord(c);
    if ((i>=65) and (i<=90)) or ((i>=97) and (i<=122)) then
      isalpha:=true
    else
      isalpha:=false;
   end;
   function isdigit(c:char):boolean;
   var i:integer;
   begin
    i:=ord(c);
    if (i>=48) and (i<=57) then
      isdigit:=true
    else
      isdigit:=false;
   end;
   procedure expand(s1:str1;var s2:str2);
   var i,j:integer;
       a,b,c:char;
   begin
     j:=1; c:=char(1); i:=0;
     while(i<=ord(s1[0])) do
       begin
         inc(i); c:=s1[i];
         if c='-' then
        begin{1}
           a:=s1[i-1]; b:=s1[i+1];
           if(isalpha(a)and isalpha(b))or(isdigit(a) and isdigit(b)) then
             begin
```

```pascal
          dec(j);
          while (ord(upcase(a))<ord(upcase(s1[i+1]))) do
            begin s2[j]:=a; inc(j); inc(a); end;
      end
      else
       begin s2[j]:=c;inc(j); end;
      end{1}
      else
       b egin s2[j]:=c;inc(j); end;
    end;
    s2[0]:=char(j-2);
  end;
begin
  readln(s1);
  expand(s1,s2);
  writeln(s2);
end.
```

输入：wer2345d-h454-82qqq   输出：_____

四、完善程序（前 4 空，每空 2.5 分，后 6 空，每空 3 分，共 28 分）

1.（求字符串的逆序）下面的程序的功能是输入若干行字符串，每输入一行，就按逆序输出该行，最后键入−1 终止程序。

请将程序补充完整。

```pascal
program j401;
type str1=string[100];
var line:str1;
    kz:integer;
procedure reverse(var s:str1);
var i,j:integer;
    t:char;
begin
  i:=1; j:=length(s);
  while (i<j) do
  begin
  t:=s[i]; s[i]:=s[j]; s[j]:=t;
  ① ;  ② ;
  end;
end;
begin
  writeln('continue? -1 for end.');
```

```
readln(kz);
while ( ③ ) do
  begin
  readln(line);
  ④ ;
   writeln(line);
   writeln('continue? -1 for end.');
   readln(kz);
  end;
end.
```

2.（棋盘覆盖问题）在一个 $2^k \times 2^k$ 个方格组成的棋盘中恰有一个方格与其他方格不同（图中标记为–1 的方格），称之为特殊方格。现用 L 型（占 3 个小格）纸片覆盖棋盘上除特殊方格的所有部分，各纸片不得重叠，于是，用到的纸片数恰好是 $(4^k-1)/3$。在下表给出的一个覆盖方案中，k=2，相同的 3 个数字构成一个纸片。

下面给出的程序是用分治法设计的，将棋盘一分为四，依次处理左上角、右上角、左下角、右下角，递归进行。请将程序补充完整。

2	2	3	3
2	–1	1	3
4	1	1	5
4	4	5	5

```
program j402;
type arr1=array[1..65] of integer;
     arr2=array[1..65] of arr1;
var board:arr2;
    tile:integer;
    size,dr,dc:integer;

procedure chessboard(tr,tc:integer;dr,dc:integer;var size:integer);
var t,s:integer;
begin
 if (size=1) then ⑤ ;
 t:=tile; inc(tile);
 s:=size div 2;
 if ⑥ then
  chessboard(tr,tc,dr,dc,s)
 else
  begin
```

```pascal
board[tr+s-1][tc+s-1]:=t;
    ⑦ ;
end;
if(dr<tr+s) and (dc>=tc+s) then
 chessboard(tr,tc+s,dr,dc,s)
 else
  begin
    board[tr+s-1][tc+s]:=t;
       ⑧ ;
   end;
  if(dr>=tr+s) and(dc<tc+s) then
   chessboard(tr+s,tc,dr,dc,s)
  else
   begin
    board[tr+s][tc+s-1]:=t;
    ⑨ ;
    end;
   if (dr>=tr+s) and (dc>=tc+s) then
    chessboard(tr+s,tc+s,dr,dc,s)
   else
    begin
      board[tr+s][tc+s]:=t;
        ⑩ ;
   end;
   end;

   procedure prt1(n:integer);
   var i,j:integer;
   begin
    for i:=1 to n do
     begin
      for j:=1 to n do
       write(board[i][j]:3);
      writeln;
      end;
    end;
    begin
      writeln('input size(4/8/16/64):');
      readln(size);
```

```
    writeln('input the position of special block(x,y):');
    readln(dr,dc);
    board[dr][dc]:=-1;
    tile:=1;
    chessboard(1,1,dr,dc,size);
    prt1(size);
end.
```

第十三届全国青少年信息学奥林匹克联赛初赛（普及组）
试题参考答案与评分标准

一、单项选择题（每题 1.5 分，共 30 分）

题号	1	2	3	4	5	6	7	8	9	10
答案	D	D	C	B	B	B	B	C	C	A
题号	11	12	13	14	15	16	17	18	19	20
答案	C	A	A	A	B	D	C	D	A	A

二、问题求解（每题 5 分）

1. 90   2. 210

三、阅读程序写结果

1. 15, 46（对 1 个数给 4 分，无逗号扣 1 分）

2.   3, 6

3.   2   3   5   7   11   13   17   19   23   29

      31   37   41   43   47

4.   wer2345defgh45456782qqq

四、完善程序(前 4 空（①--④），每空 2.5 分，后 6 空（⑤--⑩），每空 3 分)

1. ① inc(i) 或 i:=i+1

   ② dec(j) 或 j:=j-1

   ③ kz<>-1

   ④ reverse(line)

2. ⑤ exit

   ⑥ (dr<tr+s)and(dc<tc+s)

   ⑦ chessboard(tr,tc,tr+s-1,tc+s-1,s)

   ⑧ chessboard(tr,tc+s,tr+s-1,tc+s,s)

   ⑨ chessboard(tr+s,tc,tr+s,tc+s-1,s)

   ⑩ chessboard(tr+s,tc+s,tr+s,tc+s,s)

附 录

附录 1 ASCII 码表

字符	ASCII 码		字符	ASCII 码		字符	ASCII 码	
	十进制	二进制		十进制	二进制		十进制	二进制
NUL(空)	0	0000000	>	62	0111110	–	95	1011111
换行	10	0001010	?	63	0111111	、	96	1100000
空格	32	0100000	@	64	1000000	a	97	1100001
!	33	0100001	A	65	1000001	b	98	1100010
"	34	0100010	B	66	1000010	c	99	1100011
#	35	0100011	C	67	1000011	d	100	1100100
$	36	0100100	D	68	1000100	e	101	1100101
%	37	0100101	E	69	1000101	f	102	1100110
&	38	0100110	F	70	1000110	g	103	1100111
'	39	0100111	G	71	1000111	h	104	1101000
(	40	0101000	H	72	1001000	i	105	1101001
)	41	0101001	I	73	1001001	j	106	1101010
*	42	0101010	J	74	1001010	k	107	1101011
+	43	0101011	K	75	1001011	l	108	1101100
,	44	0101100	L	76	1001100	m	109	1101101
–	45	0101101	M	77	1001101	n	110	1101110
.	46	0101110	N	78	1001110	o	111	1101111
/	47	0101111	O	79	1001111	p	112	1110000
0	48	0110000	P	80	1010000	q	113	1110001
1	49	0110001	Q	81	1010001	r	114	1110010
2	50	0110010	R	82	1010010	s	115	1110011
3	51	0110011	S	83	1010011	t	116	1110100
4	52	0110100	T	84	1010100	u	117	1110101
5	53	0110101	U	85	1010101	v	118	1110110
6	54	0110110	V	86	1010110	w	119	1110111
7	55	0110111	W	87	1010111	x	120	1111000
8	56	0111000	X	88	1011000	y	121	1111001
9	57	0111001	Y	89	1011001	z	122	1111010
:	58	0111010	Z	90	1011010	{	123	1111011
;	59	0111011	[	91	1011011			124	1111100
<	60	0111100	\	92	1011100	}	125	1111101
=	61	0111101	]	93	1011101	~	126	1111110
			^	94	1011110	△	127	1111111

青少年信息学奥林匹克竞赛培训教材——Pascal 语言

有些 ASCII 字符（0～31）称为控制字符，可利用它们使计算机进行指定的操作。下表所列为常用的 ASCII 控制字符。

常用的 ASCII 控制字符

ASCII 码	控制字符	说　明
7	Bell	使计算机蜂鸣器发声
8	Backspace	后退删除上一个字符
9	Tab	在屏幕上移动一个制表符位
10	Linefeed	使打印机走纸一行
11	Formfeed	使打印机走纸一页
13	Carriage return	光标下移一行

附录 2　Pascal 语言出错信息

　　下面是 Pascal 程序编译过程中可能出现的错误，一般会在 Pascal 窗口编辑区内出现红色错误信息条，以"error××：……"形式出现，按 ESC 键取消后，光标会停在可能出错的物理或逻辑位置。

编号	出　错　信　息	出　错　情　况
1	"；" expected	缺少 "；"
2	"：=" expected	把赋值号 "：=" 写成了 "=" 或 "："
3	"）" expected	表达式缺少 "）"
4	"（" expected	表达式缺少 "（"
5	"［" expected	缺少 "［"
6	"］" expected	缺少 "］"
7	"." expected	缺少 "."
8	".." expected	缺少 ".."
9	"END" expected	缺少 END
10	"DO" expected	缺少 DO
11	"OF" expected	缺少 OF
12	"PROCEDURE" or "FUNCTION" expected	缺少 PROCEDURE 或 FUNCTION
13	"THEN" expected	缺少 THEN
14	"TO" or "DOWNTO" expected	缺少 TO 或 DOWNTO
15	Boolean expression expected	布尔表达式存在错误
16	Division by zero	被零除
17	File not found	文件未找到
18	identifier not found	标识符未找到
19	integer constant expected	没有对整型常量加以说明
20	integer expression expected	将整型表达式写成了其他类型
21	integer variable expected	应该用整型变量
22	integer or real constant expected	应该用整型或实型常量
23	integer or real expression expected	应该用整型或实型表达式
24	integer or real variable expected	应该用整型或实型变量
25	simple type expected	应该用简单数据类型
26	simple expression expected	应该用简单数据类型构成的表达式
27	string constant expected	应该用字符串常量
28	string expression expected	应该用字符串表达式
29	string variable expected	应该用字符串变量
30	type identifier expected	使用了未定义的类型名

续表

编号	出 错 信 息	出 错 情 况
31	unknown identifier or syntax error	未知的标号、常数、变量、标识符
32	undefined label	一个语句中引用了未定义的标号
33	duplicate identifier or label	标识符或标号已经出现过了
34	type mismatch	类型不匹配
35	constant out of range	常量超出范围
36	constant and case selector type does not match	case 语句中的枚举分量不匹配
37	invalid file name	无效的文件名
38	invalid result type	不合法的结果类型
39	invalid string length	字符串长度越界，必须在 0~255 之间
40	string constant length does not match type	字符串常量的长度不匹配
41	Syntax error	语法错误
42	lower bound＞upper bound	子界型的下界大于上界了
43	reserved word	保留字不许用来作标识符
44	illegal assignment	非法任务
45	string constant exceeds line	字符串常数不许跨行
46	error in integer constant	整型常数错误
47	error in real constant	实型常数错误
48	error in type	类型错误
49	illegal character in identifier	在标识符中出现了不合法的字符
50	constants are not allowed here	变量不能在这儿使用
51	structured variables are not allowed here	结构体不能在这儿使用
52	out of memory	内存溢出
53	invalid goto	goto 语句不允许在 for 循环外引用其内的标号
54	label not within current bolck	goto 语句不能引用当前分程序外的标号
55	undefined FORWARD procedure	已经定义了"过程"但其没有出现
56	INLINE error	行错误
57	illegal use of ABSOLUTE	全局或局部变量说明不合法
58	unexpected end of source	程序非正常结束，通常因为 end 比 begin 少
59	invalid compile directive	不正确的编译方向
60	memory overflow	需要的内存空间太多，无法分配
61	structured variables are not allowed here	结构体不能在这儿使用
62	I/O not allowed here	这种类型的变量不能输入/输出
63	files components may not be files	file of file 这种构造类型不允许
64	invalid ordering of fields	域的引用顺序不对
65	set base type out of range	集合的基类型界值范围超出 0~255

　　除了在编译阶段可能出现错误外，在程序的运行过程中，很可能会发生错误导致程序终止运行甚至死机。当屏幕上显示某些出错信息，如 run-time error xx 等，要注意查找出错原因。一般有以下几种情况：

　　（1）浮点溢出；

　　（2）零作除数；

　　（3）sqrt(x)的自变量为负数；

　　（4）ln(x)的自变量为负数；

　　（5）字符串长度大于 255，或者想把长度大于 1 的字符串转换成字符类型；

　　（6）非法串下标，指 copy、delete、insert 等字符串函数的下标表达式的值范围超出 0～255；

　　（7）数组下标越界；

　　（8）标量或子界越界；

　　（9）整数越界，如在传给 trunc(x)或 round(x)的 x 不在 –32768 到 32767 之间；

　　（10）堆栈冲突。

附录 3　Pascal 基本语句

名　称	格　式	功　能
赋值语句	变量标识符 :=表达式	先计算表达式的值，再将表达式的值赋给变量
输入语句	read（变量表） readln（变量表）	从键盘上为变量表中的变量赋值 从键盘上为变量表中的变量赋值（换行读入）
输出语句	write（输出表）	将输出项显示在屏幕上或用打印机输出
	writeln（输出表）	将输出项通过屏幕或打印机输出（换行输出）
	write（输出项：场宽）	输出项占有的位数=场宽表达式的值
	write（输出项：总场宽：小数位数）	输出项占有的位数=总场宽表达式的值 输出项小数部分占有的位数=小数位数
条件语句	if 条件 then 语句 1	若条件为真，则执行语句 1 若条件为假，执行 if 语句的下一个语句
	if 条件 then 语句 1 　　　　else 语句 2	若条件为真，则执行语句 1，否则执行语句 2
分情况语句	case 表达式 of 　常数表 1：语句 1 　常数表 2：语句 2 　⋮ 　常数表 n：语句 n end	先计算表达式的值，然后执行与表达式的值相同的常数所对应的语句。如果所有的常数表中没有与表达式的值相同的常数，则执行 case 语句的下一个语句
	case 表达式 of 　常数表 1：语句 1 　常数表 2：语句 2 　⋮ 　常数表 n：语句 n 　else 语句 n+1 end	先计算表达式的值，再执行与表达式的值相同的常数所对应的语句。如果所有的常数表中没有与表达式的值相同的常数，则执行语句 n+1
循环语句	for 循环变量:=初值 to 终值 do 循环体	先把初值赋给循环变量，然后将此值与循环终值比较，当此值小于等于终值时，执行循环体语句
	for 循环变量:=初值 downto 终值 do 循环体	先把初值赋给循环变量，然后将此值与循环终值比较，当此值大于等于终值时，执行循环体语句
	while 布尔表达式 do 语句	先计算布尔表达式的值，当其值是真时，执行 do 后面的语句，若是假则退出循环
	repeat 　语句 1 　语句 2 　⋮ 　语句 n until 布尔表达式	先执行语句 1 到语句 n，再对布尔表达式进行判断。当布尔表达式值为真时重复执行语句 1 到语句 n，直到布尔表达式的值为假时退出循环，执行 until 语句下面的语句
转向语句	goto 标号	转到标号指向的语句去执行
开域语句	with 记录名 do 语句	简化对记录的引用
随机语句	randomize;	随机函数发生器初始化
新建地址	new（指针变量）	分配存储单元，将该存储单元的地址赋给指针变量

名 称	格 式	功 能
释放单元	dispose（指针变量）	释放指针变量 p 所指向的存储单元
链接语句	assign（文件变量，文件名）	链接程序中的文件变量和外部磁盘文件
建立文件	rewrite（文件变量）	向文件中写入数据
打开文件	reset（文件变量）	由文件中读取数据
关闭文件	close（文件变量）	关闭外部文件
添加数据	append（文件变量）	向外部文件尾部写入新数据
读取数据	read（文件变量，变量）	由外部文件中读取数据
写入数据	write（文件变量，变量）	向外部文件中写入数据

附录 4 Pascal 常用词汇英、汉对照

词　汇	音　标	中　文	作　用
assign	[əˈsain]	分配，指派	链接文件变量和外部文件
append	[əˈpend]	添加，附加	向文件尾部添加数据
alternate	[ɔːlˈtəːnit]	轮流，交替	转换键 Alt
and	[ænd]	和，与	逻辑与运算符
array	[əˈrei]	排列，列阵	数组类型标志
backspace	[ˈbækspeis]	退格，回退	退格键
beep	[biːp]	蜂鸣声	使扬声器发出嘀嘀声
begin	[biˈgin]	开始	程序执行部分入口
character	[ˈkæriktəç]	字符，字母	字符类型
case	[keis]	情况	分情况语句保留字
close	[kləuz]	关闭	关闭外部文件
compile	[kəmˈpail]	编辑	编译菜单
constant	[ˈkɔnstənt]	常数，恒量	常量说明
continue	[kənˈtinjuː]	继续，连续	继续命令
control	[kənˈtrol]	控制	控制键
copy	[ˈkɔpi]	复制，备份	复制命令
data	[ˈdeitə]	数据，资料	数据域
debug	[diːˈbʌg]	排除错误	调试菜单
delete	[diˈliːt]	删除	删除键
directory	[diˈrektəri]	地址簿	目录
disk	[disk]	圆盘，唱片	磁盘
dispose	[disˈpəuz]	除去	释放存储单元
division	[diˈviʒən]	除，除法	整除
do	[dəu]	做	计数循环语句保留字
edit	[edit]	编辑	编辑菜单
else	[els]	否则	条件语句保留字
end	[end]	结束	结束程序，返回行尾键
enter	[ˈentə]	送入，输入	回车键
error	[ˈerə]	错误	出错信息
escape	[isˈkeip]	出，逃跑	退出 Esc 键
exit	[ˈeksit]	退场，出口	退出命令
false	[fɔːls]	假，错误	逻辑值
file	[fail]	文件	文件菜单

续表

词　汇	音　标	中　文	作　用
find	[faind]	寻找，找到	查找命令
for	[fɔː]	为了，因为	计数循环语句保留字
free	[friː]	自由的，丰富的	Free Pascal 语言
function	['fʌŋkʃən]	函数，功能	函数
goto	[gəu] [tuː]	去　到	转向语句保留字
get	[get]	获得	读取线性表元素的值
help	[help]	帮助	帮助菜单
home	[həum]	返回始位	返回行首键
if	[if]	如果	条件语句保留字
in	[in]	在……内	属于（集合）运算符
index	['indeks]	索引，目录	索引命令
input	['input]	输入	标准输入文件
insert	[in'səːt]	插入	插入键
integer	['intidʒə]	整数	整型
label	['leibl]	标号，标识符	标号说明
last	[laːst]	最后	线性表的终点
length	[leŋθ]	长度	栈的容量
locate	[ləu'keit]	确定地点	定位
name	[neim]	名称	文件名
new	[njuː]	新	新建命令
next	[nekst]	下一个	下一个按钮
nil	[nil]	零	空指针值
none	[nʌn]	不，没有	无（文件名）
of	[ɔv]	……的，关于	分情况语句、集合保留字
open	['əupən]	打开，开启	打开文件命令
option	['ɔpʃən]	选择	配置菜单
or	[ɔː]	或者，或	逻辑或运算符
output	['autput]	输出　放置	标准输出文件
overflow	['əuvə'fləu]	溢出，充满	数值超出范围
pack	[pæk]	压紧	紧缩数组标志
Pascal	['pæskəl]	帕斯卡，法国数学家	Pascal 语言
pause	[pɔːz]	中止，停留	暂停键
procedure	[prə'siːdʒə]	过程，步骤	过程标志
program	['prəugræm]	程序，计划	程序标志

续表

词　汇	音　标	中　文	作　用
random	['rændəm]	随意，任意	随机数
randomize	['rændəmaiz]	随机化	随机函数发生器初始化
read	[ri:d]	读，阅读	输入语句
real	['ri:əl]	真的，实际的	实型
record	['rekɔ:d]	记录，档案	记录类型
repeat	[ri'pi:t]	重复	直到型循环保留字
replace	[ri(:)'pleis]	替换，置换	替换命令
reset	['ri:set]	重新安排	由文件中读取数据
run	[rʌn]	运行，运转	运行菜单
rewrite	[ri:'rait]	重写，改写	向文件中写入数据
save	[seiv]	保存	保存菜单
screen	[skri:n]	屏幕	（打印）屏幕键
scroll	[skrəul]	上卷	滚动键
search	[sə:tʃ]	搜寻	查找菜单
set	[set]	放，安置	集合标志
shift	[ʃift]	替换，移动	换档键
size	[saiz]	大小，尺寸	线性表容量
space	[speis]	空白	空格键
start	[sta:t]	开始	开始菜单
string	[striŋ]	线，一串	字符串类型
text	[tekst]	正文，原文	文本文件变量类型
then	[ðen]	那么，然后	计数循环语句保留字
to	[tu:]	到	计数循环语句保留字
tool	[tu:l]	工具	工具菜单
tree	[tri:]	树	树型结构
true	[tru:]	真	逻辑值
type	[taip]	类型，标志	枚举类型
until	[ʌn'til]	直到……为止	直到型循环保留字
while	[(h)wail]	当	当型循环保留字
window	['windəu]	窗	窗口菜单
with	[wið]	与，用	开域语句保留字
write	[rait]	写	输出语句
variation	[,vɛəri'eiʃən]	变量，变化	变量说明